电子设计与实践

U0127552

LabVIEW 数据采集

（第 2 版）

唐　赣◎编著

电子工业出版社

Publishing House of Electronics Industry

北京·BEIJING

内 容 简 介

本书以 LabVIEW 为讲解对象，围绕 LabVIEW 编程环境、编程处理数据的方法手段、提升编程的技巧进行编排，详尽介绍了 LabVIEW 常用的编程方法、编程技巧和应用实例。全书共 11 章，其中：第 1～6 章介绍了 LabVIEW 基本编程知识，包括 LabVIEW 概述、LabVIEW 编程环境、LabVIEW 数据处理基础、LabVIEW 数据处理进阶、LabVIEW 程序设计、NI 数据采集基础等内容；第 7～11 章介绍了 LabVIEW 结合 NI 进行传感器数据采集的实践。本书内容丰富、条理清晰、实用性强，充分讲解编程技巧，使读者能够快速掌握 LabVIEW 程序设计方法。

本书适合从事 LabVIEW 程序设计的工程技术人员阅读使用，也可作为高等院校相关专业的实践教材，对系统学习并参加 CLAD 认证的读者也有很好的参考价值。

图书在版编目（CIP）数据

LabVIEW 数据采集 / 唐赣编著. —2 版. —北京：电子工业出版社，2024.1

（电子设计与实践）

ISBN 978-7-121-47102-5

Ⅰ. ①L… Ⅱ. ①唐… Ⅲ. ①软件工具－程序设计Ⅳ. ①TP311.561

中国国家版本馆 CIP 数据核字（2024）第 011529 号

责任编辑：张　剑（zhang@phei.com.cn）　　　　特约编辑：田学清

印　　刷：北京天宇星印刷厂

装　　订：北京天宇星印刷厂

出版发行：电子工业出版社

　　　　　北京市海淀区万寿路 173 信箱　　　邮编：100036

开　　本：787×1092　　1/16　　印张：18.5　　字数：462 千字

版　　次：2021 年 1 月第 1 版
　　　　　2024 年 1 月第 2 版

印　　次：2024 年 1 月第 1 次印刷

定　　价：88.00 元

前　言

《LabVIEW 数据采集》第 1 版自 2021 年 1 月出版以来，持续受到广大读者朋友的关注。与其他介绍 LabVIEW 的书籍相比，本书不仅内容编排逻辑性强，还提供免费配套视频教程和完整的实验教学硬件应用资源。

不论读者使用何种编程开发环境，都要围绕"数据"这个核心开展工作。《LabVIEW 数据采集》第 2 版延续了第 1 版的章节设置逻辑，全书内容均围绕利用 LabVIEW 处理数据来展开。本书第 1 章是 LabVIEW 概述；第 2 章介绍 LabVIEW 编程环境；第 3 章和第 4 章介绍与 LabVIEW 数据处理相关的内容，包括数据操作、数组与簇、编程结构、图形与图表、函数的多态性、比较函数、公式、文件 I/O、处理变体数据；第 5 章介绍 LabVIEW 程序设计，内容包括程序框图的数据流、程序框图设计提示、Express VI、属性节点、自定义控件、创建 VI 和子 VI、运行和调试 VI、使用项目和终端、使用进阶编程结构；第 6 章介绍 NI 数据采集基础知识，内容包括基于计算机的数据采集系统、测量信号的类型、测量模拟信号、测量数字信号、信号调理、数据采集设备分类、NI MAX 与 DAQmx、DAQmx 数据采集、TLA-004 传感器课程实验套件；第 7 章至第 11 章介绍了光-电、热-电、磁-电、湿度、应变、振动、声音等传感器和信号调理电路，以及数据采集的经典实操案例。这种章节安排实现了基于计算机的真实物理量数据采集的知识闭环。

鉴于本书第 1 版中动手实践部分所用硬件设备 NI ELVIS 价格高达数万元且已停产，在第 2 版中我们对此进行了更新优化，在 TLA-004 传感器课程实验套件中不仅以售价较低的 NI USB-600x 作为采集卡，还搭配了可编程直流稳压电源模组。另外，为了应对授课课时少、知识体系庞杂的现实问题，我们对第 1 版中的知识点做了凝练和更新。

本书内容不仅适用于 NI 数据采集卡，也对雨珠 S、Digilent、简仪数据采集硬件进行适配，并提供完整的课程资源、实验硬件、DAQWare 实验测量软件配套。另外，读者可在哔哩哔哩等短视频网站，通过搜索"LabVIEW 数据采集"，找到与本书配套的免费视频教程。需要 LabVIEW 数据采集硬件学习资源的读者，可以通过微信公众号 TLA_CHN 与我们取得联系。

本书由唐赣编著。在本书写作过程中，NI、泛华测控、上海梭鱼、上海澄科、深圳宾凯腾的工程师朋友们提供了许多帮助，在此对梁锐、David E. Wilson、陈大庞、朱君、陈瑾、陈庆全、倪斌、潘天厚、程荣、李甫成、刘洋、杨元杰、潘宇、章鹏、方勤、汤敏、方慧敏、叶智豪、徐征、田砺、申秋实、韩翼、吴珂玶、丁楠、高琛、刘晋东、徐碧野、徐赟、赵波、周斌、佘小强、赵晓宇、李兴越、应俊、刘熠、秦丽娜、胡宗敏、肖挺、刘晓锋、邱小龙、刘斌以及许多幕后的应用工程师表示衷心的感谢。

受篇幅所限，本书内容无法面面俱到，请读者访问 TLA 虚拟仪器教育资源站，以获得更多教程和辅助学习资源。

编著者

目　录

第 1 章

LabVIEW 概述

1.1 什么是 LabVIEW

LabVIEW 是美国国家仪器（NI）公司开发的一种编程语言，是 Laboratory Virtual Instrument Engineering Workbench 的缩写。其编程特色是用图标连线方式替代传统的文本行编程模式，也被称为图形化编程语言，常用于自动化测试测量系统开发。

LabVIEW 提供了大量外观与传统仪器（如数字示波器）近似的显示控件，用户可以快速使用它们，进而高效率地实现"专业"的测试测量。图 1-1-1 所示为 LabVIEW 开发的程序界面及代码。

图 1-1-1　LabVIEW 开发的程序界面及代码

图 1-1-1　LabVIEW 开发的程序界面及代码（续）

1.2　如何获得 LabVIEW

访问 NI 官方网址可以下载 LabVIEW 评估版。

1.3　安装、启动 LabVIEW

这里以 LabVIEW 2023 Q1 中文版安装为例进行讲解，步骤如图 1-3-1 所示，请按照图中序号的顺序进行操作。安装完成后，在 Windows 操作系统的"开始"菜单中可以找到如图 1-3-2 所示的"National Instruments"程序目录，桌面会显示 LabVIEW 2023 Q1 的快捷方式。

🔔 **提示**

> LabVIEW 的安装文件区分中英文语言以及 32 位、64 位操作系统。常规安装选择 32 位中文版即可。
>
> LabVIEW 安装包大小受是否包含硬件驱动程序和常用工具包影响。不含硬件驱动程序和常用工具包的 LabVIEW 的安装文件大小通常在 3GB 左右。而最大的 LabVIEW 安装包会以 ISO 镜像文件形式提供，文件大小会达 40GB，甚至更大。
>
> 若需要 LabVIEW 结合 NI 硬件使用（如本书用到的 USB-6009、myDAQ、NI 6251 等），请确认安装相应的 NI-DAQmx 设备驱动。

图 1-3-1　LabVIEW 2023 Q1 中文版安装步骤

图 1-3-1　LabVIEW 2023 Q1 中文版安装步骤（续）

图 1-3-2　"National Instruments"程序目录及 LabVIEW 2023 Q1 的快捷方式

　　双击桌面上 LabVIEW 2023 Q1 的快捷方式,就可以启动 LabVIEW。图 1-3-3 所示为 LabVIEW 2023 Q1 的启动界面。LabVIEW 的首次评估期为 7 天。

图 1-3-3　LabVIEW 2023 Q1 的启动界面

1.4 什么是 NI MAX

NI MAX（Measurement & Automation Explorer）是一种管理计算机中已经安装的 NI 软件和硬件的软件。设置安装 LabVIEW 的组件时，默认安装选项包括 NI MAX，其快捷方式也位于"National Instruments"程序目录中，启动 NI MAX 的步骤及其界面介绍如图 1-4-1 所示。

图 1-4-1 启动 NI MAX 的步骤及其界面介绍

利用 NI MAX 可完成下列操作。

（1）配置 NI 硬件和软件。

（2）创建和编辑通道、任务、接口、换算和虚拟仪器。

（3）进行系统诊断。

（4）查看与系统连接的设备和仪器。

（5）更新 NI 软件。

本机安装的 NI 软件、硬件驱动的数量和读者安装的可能存在差异，因而截图显示的接口、软件项会与读者的安装情况有所不同。

1.5 LabVIEW 工具包及其工具网络

以 LabVIEW 为核心构成的虚拟仪器平台，实质上涉及体量庞大的与 LabVIEW 相互关联的软件、硬件。NI 公司发布的 LabVIEW 软件可以通过 NI Package Manager 加载安装文件获得其名称，LabVIEW 工具包名称举例如图 1-5-1 所示。不在图所示列表中的软件，可以通过 NI 网站进行查询。

图 1-5-1　LabVIEW 工具包名称举例

LabVIEW 通过工具 VI Package Manager 提供经认证的第三方附加组件，帮助用户扩展 LabVIEW 的软件功能，较新版本的 LabVIEW 均已提供 VIPM 安装选项（见图 1-5-2）。

图 1-5-2　JKI VIPM

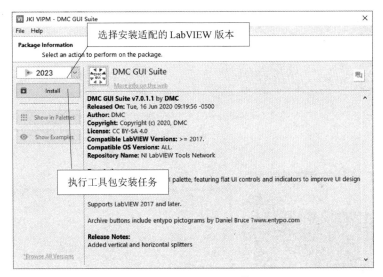

图 1-5-2　JKI VIPM（续）

1.6　如何用 LabVIEW 解决实际问题

任何一种编程工具都需要解决实际问题，擅长自动化测试测量的 LabVIEW 也不例外。图 1-6-1 所示为解决问题的基本流程，不仅适用于 LabVIEW，也适用于其他编程工具。

图 1-6-1　解决问题的基本流程

1．提出问题

例如，我们想用 LabVIEW 求解数学问题，给定一个函数 $y = x^2$，用软件画出该函数的曲线。

2．分析问题

这是一个二次函数，它的函数曲线应该是过坐标系原点(0，0)的抛物线，我们应该如何通过 LabVIEW 编程获得该函数的曲线呢？

3．获得方案

首先，可以明确一点，这是一个初等数学问题。编写描述该函数关系的公式程序，定义输入变量和输出变量，再将输入变量、输出变量的值绘制到坐标系中，就可以得到该函数的曲线。

4．编写程序

在 LabVIEW 中编写如图 1-6-2 所示的程序并运行，发现这个程序仅能满足运算功能，并不具备"自动"获得函数曲线的功能。因此改进程序，参看图 1-6-3 所示的改进的程序，运行该程序。仔细观察会发现，尽管波形图显示的是抛物线，但波形图的 x 轴是时间，并不严格与 "x" 输入的值对应显示。

图 1-6-2　用 LabVIEW 编写函数 $y = x^2$ 的程序

图 1-6-3　改进的程序

5．调试程序

针对图 1-6-3 所示 x 轴显示的是"时间"，而不是真正意义上的"x"输入值这一情况，需要使用 LabVIEW 提供的调试工具，找出 x 轴显示不正常的原因。图 1-6-4 所示为调试程序后得到的 x 轴、y 轴正常显示的函数曲线。

图 1-6-4　调试程序后得到的 x 轴、y 轴正常显示的函数曲线

6．维护程序

完成了既定的程序功能，在之后的长期运行过程中，还需要经常跟踪并对程序进行维护。这里说的维护是指修正一些不易捕获的错误、增加一些之前不具备的功能，通过维护可以优化程序的执行效率，从而使程序更完善。

第 2 章

LabVIEW 编程环境

本章的主要内容是认知 LabVIEW 的基本编程环境，由范例"高级直流-均方根测量"引入，讲解 LabVIEW 编程环境中的几大要素：前面板、程序框图、"工具"选板、工具栏、菜单栏、快捷方式、"导航"窗口、项目浏览器、"即时帮助"窗口等。

2.1 初识 LabVIEW

使用 LabVIEW 编写的程序文件称为 VI，是一个扩展名为.vi 的 LabVIEW 可执行文件。

2.1.1 首次运行 LabVIEW

首次运行 LabVIEW，需要完成软件许可证的配置，之后会弹出"LabVIEW"窗口，该窗口功能区域分布如图 2-1-1 所示。

图 2-1-1 "LabVIEW"窗口功能区域分布

📁【练习 2-1】

在图 2-1-1 所示的窗口中，分别单击序号"1""2""3"处，探索 LabVIEW 文件（项目）。如果操作顺利，请对"LabVIEW"窗口的功能进行大致了解。

在默认情况下，每次启动 LabVIEW 都会显示"LabVIEW"窗口。选择"工具"→"选项"→"类别"→"环境"→"启动时忽略启动窗口"命令，可以在 LabVIEW 启动时不打开该窗口。

2.1.2　NI 范例查找器

在练习 2-1 中有可能看不到 LabVIEW 的编程界面（前面板和程序框图），我们可以尝试用另一种操作，即利用"LabVIEW"窗口进入 LabVIEW 的 NI 范例查找器，直接打开一个内置的 VI 范例文件，对 LabVIEW 编程界面进行了解。

NI 范例查找器可以帮助用户借鉴范例 VI 的编写技巧，也可以用于另存 VI 或新建 VI。对于初学者而言，善于使用 NI 范例查找器是提升 LabVIEW 设计水平的有效方法之一。

📁【练习 2-2】

参看图 2-1-2 所示的步骤，在 NI 范例查找器中搜索关键词"均方根"，掌握打开"高级直流-均方根测量"范例的方法。

图 2-1-2　NI 范例查找器（打开"高级直流-均方根测量"范例）

图 2-1-2 NI 范例查找器（打开"高级直流-均方根测量"范例）（续）

2.1.3 新建一个 VI

【练习 2-3】

参看图 2-1-3 所示的方法，尝试通过 3 种方法新建一个空白 VI。

图 2-1-3 新建一个空白 VI

2.1.4 NI 全站搜索

打开 NI 官方网站，善于使用 NI 官方网站的搜索功能也是提升 LabVIEW 编程水平的有效方法之一。

【练习 2-4】

访问 IN 官方网站，通过在 NI 官方网站内的搜索栏中输入关键字"USB6009"，获得相关的搜索结果。

2.1.5 前面板概览

1. 前面板

在练习 2-3 中，默认显示的界面是 LabVIEW 的前面板。前面板中通常会摆放一些输入控件、显示控件，呈现一个仪器的交互界面，前面板示例如图 2-1-4 所示。创建 VI 时，通常应先设计前面板，然后设计程序框图，用于执行在前面板中创建的输入/输出任务。

图 2-1-4　前面板示例

2. "控件"选板

前面板中的控件分为输入控件和显示控件两大类，它们都可以从"控件"选板中找到。输入控件用于接收用户通过键盘、鼠标提交的信息；显示控件用于将必要的信息可视化输出。输入控件和显示控件提供了对程序框图发送输入数据和接收输出数据的途径。

【练习2-5】

"控件"选板并不会默认显示出来，参看图 2-1-5 所示的方法，掌握打开"控件"选板及锁定"控件"选板的方法。

图 2-1-5　打开并锁定"控件"选板

3．输入控件与显示控件

输入控件和显示控件是 VI 交互操作的输入/输出端口，均可以放到前面板中。图 2-1-6 所示为前面板的输入控件与显示控件（范例：比较窗）。

（1）输入控件是指旋钮、按钮、转盘等一些用于输入数据的控件，它们模拟了程序的输入设备，为程序框图的接线端提供数据来源。

（2）显示控件是指图形、指示灯等输出类型的控件。显示控件用于模拟该仪器的输出装置、显示程序框图获得或生成的数据。

图 2-1-6　前面板的输入控件与显示控件（范例：比较窗）

【练习 2-6】

参看图 2-1-7 所示的步骤，掌握从"控件"选板中选择数值输入控件并将其放置在前面板中的方法。

图 2-1-7　在前面板中放置数值输入控件

2.1.6 程序框图概览

1. 程序框图

程序框图是图形化源代码的集合，通常也被称为程序框图代码，TLA-004 传感器课程实验程序的程序框图（片段）如图 2-1-8 所示。当在前面板中完成控件的添加操作后，便可以在程序框图中添加一些图形化的函数代码，实现运算关系与前面板控件对象的绑定。

图 2-1-8 TLA-004 传感器课程实验程序的程序框图（片段）

2. 程序框图中的接线端

前面板和程序框图是两个界面，两者通过接线端传递数据信息。前面板的输入控件和显示控件在程序框图中对应显示为接线端。

LabVIEW 中使用的接线端包括输入控件接线端、显示控件接线端、节点接线端、常量及用于各种结构的接线端。连线将这些接线端连接起来，使得数据在接线端间能够传递。

【练习 2-7】

通过 NI 范例查找器打开"比较窗"界面，按 Ctrl+E 键，将当前界面从前面板切换至程序框图，参照图 2-1-9，找出并辨识程序框图中的接线端。

图 2-1-9 程序框图中的接线端（范例：比较窗）

【练习 2-8】

参看图 2-1-10 所示的步骤，以"高级直流-均方根测量"范例为例，在程序框图中查找前面板数值输入控件的平均时间接线端。

图 2-1-10 查找接线端（范例：高级直流-均方根测量）

3."函数"选板

图 2-1-9 所示的节点有些是具有函数功能的，称为函数。程序框图中添加的函数来自"函数"选板。与前面板中的"控件"选板类似，"函数"选板默认不显示。

【练习 2-9】

参看图 2-1-11 所示的方法，掌握打开和锁定"函数"选板的方法。

图 2-1-11 打开并锁定"函数"选板

2.1.7 "工具"选板

前面板和程序框图中的所有对象是可以根据需求进行调整的。利用"工具"选板的 11 种工具，能够实现如字体、颜色等的编辑修改，系统能够根据光标所在的位置判断使用哪种工具。

前面板和程序框图均可以使用"工具"选板。

【练习 2-10】

参看图 2-1-12 所示的方法，打开"工具"选板，并读懂表 2-1-1 列出的 11 种工具说明。以"比较窗"范例为例掌握打开"工具"选板的方法，并尝试在前面板和程序框图中使用多种工具。

- 按 Shift 键并右击，光标所在位置下将出现"工具"选板。
- 单击"自动工具选择"按钮，将禁用自动工具选择功能，此时可选择选板上的工具按钮，或使用 Tab 键按其在选板上出现的顺序轮选最常用的工具。当选择某一个工具时，光标会根据工具图标而变化。再次按 Tab 键或单击"自动工具选择"按钮，将重新启用自动工具选择功能。
- 若要取消锁定自动工具功能，则可选择"工具"→"选项"命令，打开"v 选项"对话框，选择"类别"→"环境"命令，取消勾选"锁定自动工具选择"复选框。

图 2-1-12 打开"工具"选板

表 2-1-1 "工具"选板按钮

工具图标	功 能	说 明
	自动工具选择	单击该按钮，LabVIEW 将根据光标的当前位置自动选择工具。若需要关闭此功能，则可取消该按钮的选择或选择"工具"选板中的其他按钮
	操作	改变控件的值
	定位	定位、选择、改变对象大小
	标签	创建自由标签和标题、编辑已有标签和标题或在控件中选择文本
	连线	在程序框图中为对象连线
	对象快捷菜单	打开对象的快捷菜单
	滚动	在不使用滚动条的情况下滚动窗口
	断点	在 VI、函数、节点、连线、结构或 MathScript 节点（MathScript RT 模块）的脚本行上设置断点，使程序在断点处停止
	探针	在连线或 MathScript 节点（MathScript RT 模块）上创建探针。使用探针工具可查看产生问题或意外结果的 VI 中的即时值
	获取颜色	通过上色工具复制需粘贴的颜色
	上色	设置前景色和背景色

2.1.8　工具栏

程序编写离不开调试工具，借助工具栏的按钮可以实现调试操作。前面板和程序框图均有工具栏，提供了运行、中断、终止、调试 VI、修改字体、对齐、组合、分布对象等功能。在不同的使用环境下，程序框图的工具栏中的按钮名称、数量有所不同，工具栏如图 2-1-13 所示。

图 2-1-13　工具栏

【练习 2-11】

打开"高级直流-均方根测量"范例，操作工具栏的"运行""暂停""继续运行"按钮。

2.1.9　菜单栏

用户在编程过程中可以灵活调用 LabVIEW 提供的两类菜单：通用菜单和快捷菜单。通用菜单是位于 VI 窗口顶部的菜单，如文件、编辑、查看、打开、保存等。在前面板或程序框图的编辑过程中，右击可以打开与当前操作或对象相关的快捷菜单，绝大多数菜单命令可以通过字面含义理解。

【练习 2-12】

参看图 2-1-14 所示的步骤，掌握打开前面板对象快捷菜单的方法，并理解选中单个对象与多个对象时快捷菜单项的区别。

图 2-1-14　快捷菜单（范例：高级直流-均方根测量）

2.1.10　快捷方式

1．自定义快捷方式

菜单栏的菜单命令包括命令名称和快捷操作命令两类。命令名称是 LabVIEW 预置的，不可更改；但快捷操作命令可以根据需要自行修改，例如，新建 VI 的快捷操作命令是按 Ctrl+N 键。

【练习 2-13】

选择"工具"→"选项"命令，打开"选项"对话框，在"类别"下拉列表中，选择"菜单快捷键"选项，设置 VI 菜单项的快捷方式。

2．键盘快捷键

键盘快捷键作为菜单操作方式的一种补充，可用于仅需通过键盘输入执行相应命令的操作。LabVIEW 的熟练用户使用该方式能够大幅提升编程开发效率。选择"帮助"→"LabVIEW 帮助"命令，（未联网时）打开 NI Offline Help Viewer（NI 离线帮助文件阅读器），输入关键词"键盘快捷键"，查询所有支持的键盘快捷键。联网时会跳转到 NI 官方网站的 LabVIEW 文档搜索。

3．快速放置快捷方式

每次单独选取对象再进行放置，这样的操作效率不高。对于熟悉的对象、函数，我们还可以通过快速放置快捷方式提升放置操作效率。通过"帮助"→"LabVIEW 帮助"命令，（未联网时）打开 NI Offline Help Viewer（NI 离线帮助文件阅读器），输入关键词"快速放置快捷方式"，查询所有支持的快速放置快捷方式。

【练习 2-14】

参看图 2-1-15 所示的步骤，掌握打开"快速放置"窗口的方法，并尝试使用图 2-1-15 提示的快捷键完成快速放置操作。

图 2-1-15　"快速放置"快捷方式

【练习 2-15】

参看图 2-1-16 所示的步骤，通过"快速放置"窗口放置"加"函数、"减"函数、"乘"函数、"除"函数，并实现 Ctrl+W 键的功能。

图 2-1-16　快速放置练习

2.1.11　"导航"窗口

"导航"窗口常用于较大面积的前面板和程序框图的辅助浏览定位，可以在显示编辑模式下显示活动前面板或程序框图的全局。

【练习 2-16】

参看图 2-1-17 所示的步骤，打开任意一个范例 VI，使用"导航"窗口辅助浏览其前面板和程序框图，掌握该窗口的使用方法。

图 2-1-17　使用"导航"窗口

2.1.12　使用 LabVIEW 项目方式开发

用 LabVIEW 开发的中大型程序，往往由许多的 VI 构成并实现所需的功能（其中涉及子 VI 概念，后续章节有讲解）。在这种情况下，使用 LabVIEW 项目方式开发可以实现项目相关文件的集中管理。LabVIEW 项目支持组织和管理中大型项目，还能将 VI 部署至硬件终端，如远程计算机、RT 终端和 FPGA 终端。

新建一个项目可打开"项目浏览器"窗口，也可选择"文件"→"打开项目"命令，打开"项目浏览器"窗口（见图 2-1-18）。在"项目浏览器"窗口中可打开现有项目。

图 2-1-18　"项目浏览器" 窗口

2.1.13　"即时帮助" 窗口

LabVIEW 功能强大，所有功能不可能全被用到。编程开发时，可为绝大部分的 LabVIEW 对象，如对话框选项、"项目浏览器" 窗口、前面板的控件、程序框图的接线端、函数等提供即时帮助。即时帮助，是指在 "即时帮助" 窗口处于活动状态时，光标移动到 LabVIEW 的某个对象上，"即时帮助" 窗口会显示该对象的基本信息。

【练习 2-17】

以 "比较窗" 范例为例，参看图 2-1-19 所示的步骤，掌握打开 "即时帮助" 窗口的方法并读懂信息。

- 按 Ctrl+H 键可以显示 "即时帮助" 窗口。
- "即时帮助" 窗口可根据内容的多少自动调整大小。用户也可手动调整 "即时帮助" 窗口的大小使之最大化。下次打开 LabVIEW 时，"即时帮助" 窗口将在同样的位置以最大化的方式出现。
- 将光标移至 VI 或函数上，若接线端接收多种数据类型，则接线端的数据类型栏将显示接线端的默认数据类型。

图 2-1-19　使用即时帮助

2.2 编程准备知识

2.2.1 配置前面板及对象

1．控件样式

前面板控件的样式是指控件在前面板中呈现的视觉效果，经验丰富的开发者可以利用控件样式实现界面的扁平化。图 2-2-1 列出了部分"控件"选板中"新式""系统""银色""经典"样式的控件。

图 2-2-1　前面板控件样式风格

2．输入控件与显示控件相互转换

在默认情况下，"控件"选板中的对象会根据其典型用途将其配置为输入控件或显示控件。输入控件与显示控件是可以相互转换的。

（1）放置在前面板中的翘板开关，被默认为输入控件，LabVIEW 将其作为一个输入类型的设备。而指示灯（LED），被默认为显示控件，通常认为指示灯是输出设备。

（2）有些选板包含同一类型或对象的输入控件和显示控件。例如，"数值"选板既包含数值输入控件又包含数值显示控件，因为输入控件可以转换为显示控件，反之亦然。

【练习 2-18】

参看图 2-2-2 所示的步骤，掌握输入控件与显示控件的转换方法。

图 2-2-2 输入控件与显示控件

3. 显示和隐藏控件部件

在某些情况下，将一些控件的标签、基数等参数设置为隐藏状态可以满足界面设计的特殊需求。

【练习 2-19】

参看图 2-2-3 所示的步骤，以数值输入控件为例，隐藏其标签、标题及显示基数。

图 2-2-3 隐藏控件的某些部件

4. 替换前面板的对象

在程序调试过程中，若觉得将前面板之前放置的某个控件更换为其他控件更为恰当，则可以选中该控件后直接将其删除。或者，将原控件替换为新的控件。

【练习 2-20】

以数值输入控件为例，参看图 2-2-4 所示的步骤，掌握将其替换为滑动杆输入控件的方法。

图 2-2-4 替换前面板的对象

5. 增大或缩小前面板空间

【练习 2-21】

参看图 2-2-5 所示的方法，掌握在不改变窗口大小的情况下增大或缩小前面板空间的方法。

图 2-2-5 增大或缩小前面板空间

该方法也适用于程序框图空间的增大或缩小。

6. 对齐对象

对前面板中杂乱放置的控件对象执行快速对齐操作，可以使用对齐工具。

【练习 2-22】

参看图 2-2-6 所示的方法，掌握设置对象左边缘对齐的方法。

图 2-2-6　设置对象左边缘对齐

该方法也适用于程序框图的接线端及其他对象的对齐。

7. 清空前面板显示控件

当 VI 运行一次后，前面板控件会保留显示 VI 上一次运算留下的数据。再次运行该 VI 时，前面板控件初始化的显示可能是不准确的，这对于需要初始化显示的程序是不方便的。

【练习 2-23】

参看图 2-2-7 所示的方法，掌握清空前面板显示控件的方法。

图 2-2-7　清空前面板显示控件

8. 为对象和背景上色

设置 LabVIEW 的前面板背景及对象的颜色，可以进一步细化、优化程序的界面设计。

【练习 2-24】

参看图 2-2-8 所示的方法，以波形图表显示控件为例，为其设置前景色和背景色。

图 2-2-8　设置前景色和背景色

9．配置输入控件与显示控件

需要详细设置前面板控件的相关属性项时，可通过"属性"对话框或快捷菜单进行设置。在 VI 未运行的情况下，右击控件，打开快捷菜单，选择"属性"选项，弹出"属性"对话框。

右击对象，可查看快捷菜单。以数值输入控件和液罐显示控件为例，说明部分两者共有的快捷菜单选项，如图 2-2-9 所示。

- 显示项：列出对象可显示或隐藏的部分，例如名称标签和标题。
- 查找接线端：高亮显示控件在程序框图中的接线端。该选项适用于在复杂的程序框图中查找某个对象。
- 转换为显示控件/转换为输入控件：将当前对象转换为显示控件或输入控件。
- 转换为数组：将标量值转换为该类型数据的数组。
- 说明和提示：显示输入和查看有关对象使用的"说明和提示"对话框。
- 创建：创建用于通过编程控制对象各种属性的局部变量、引用、属性节点或调用节点。
- 替换：替换前面板对象为另一个输入控件或显示控件而不会丢失此前为对象所配置的值。
- 数据操作：包含以下全部或部分数据编辑选项。
  - 重新初始化为默认值，即设置控件使用默认值。
  - 当前值设置为默认值，即将控件和常量的当前值设置为默认值。
  - 剪切数据、复制数据和粘贴数据，即剪切、复制和粘贴前面板对象的内容。
- 高级：包含以下全部或部分高级编辑选项。
  - 快捷键，即指定控件的键盘快捷方式，使用户无须使用鼠标即可浏览前面板。
  - 同步显示，即指定每个更新。该功能用于显示动画。也可使用同步显示属性，通过编程设置该选项。
  - 自定义，即显示控件编辑器窗口以自定义控件编辑方式设计前面板对象。
  - 运行时快捷菜单，即包含一个用于禁用或自定义当前控件运行时快捷菜单的子菜单。
  - 隐藏输入控件或隐藏显示控件，即隐藏前面板对象的显示。如需使用某个隐藏的对象，右击程序框图接线端，从快捷菜单中选择显示输入控件或显示显示控件。
  - 启用状态，即指定对象的状态，状态可以是启用、禁用或禁用并变灰。

图 2-2-9　数值输入控件快捷菜单和液罐显示控件快捷菜单共有的部分选项

10．复制和粘贴对象

对对象进行复制、粘贴操作的目的是创建与源对象相同的对象副本，LabVIEW 中的该操作与大部分 Windows 应用程序类似，通过选择"编辑"→"复制"→"粘贴"命令实现。在选择好复制对象的前提下，先后使用 Ctrl+C 键和 Ctrl+V 键也可以实现上述的功能。此外，还可以通过鼠标的快速操作实现对象的副本创建。

以上操作对前面板和程序框图均有效。

【练习 2-25】

参看图 2-2-10 所示的方法，以数值输入控件为例，使用鼠标与键盘快捷操作方法快速创建对象副本。

图 2-2-10　创建对象副本

将选中的对象从一个 VI 拖动至另一个 VI，也可实现 VI 之间的对象复制。

11．显示所有隐藏的控件

当前面板包含自定义控件和全局变量（后续章节会详细讲解相关概念）且设置了隐藏显示时，这系列的隐藏信息可能会间接造成调试程序时的问题。选择"编辑"→"显示隐藏的输入控件和显示控件"命令查找隐藏的控件，可以快速发现隐藏的控件。

"显示隐藏的输入控件和显示控件"选项仅对自定义控件或全局变量 VI 的编辑菜单有效。该选项不能用于锁定的 VI 或保留为运行状态的 VI。

12．隐藏、显示前面板对象

将前面板的控件设置为隐藏或显示，在调试程序时可以起到和调试探针类似的作用。此外，设计界面时也可应用隐藏或显示设置优化界面设计。已经设置为隐藏的前面板控件，程序框图对应的接线端仍然会显示。

【练习 2-26】

参看图 2-2-11 所示的方法，以字符串输入控件为例，掌握设置隐藏、显示该控件的方法。

图 2-2-11　隐藏、显示字符串输入控件

在前面板中，选择对应的输入控件或显示控件，打开快捷菜单，选择"高级"→"隐藏输入控件/隐藏显示控件"命令，将显示的控件设置为隐藏。已设置隐藏的控件，在前面板中无法用反向操作设置为显示，需要切换到程序框图完成相应的设置。

13．显示控件的滚动条

字符串输入控件和路径输入控件的高度和宽度是固定的，若需要显示的字符串或路径较长，则可能出现显示不完全的现象。此时为显示控件添加滚动条就能解决该问题了。

【练习 2-27】

参看图 2-2-12 所示的方法，以路径输入控件和字符串输入控件为例，为其设置显示控件的垂直滚动条和水平滚动条。

图 2-2-12　显示控件的滚动条

14．分布对象

设计前面板控件布局时，利用工具栏的分布对象按钮进行操作，可以快速地对选中的控件统一进行分布对象操作，分布对象按钮面板如图 2-2-13 所示。

- 上边缘：分布选中对象，使对象的上边缘相隔距离一致。
- 垂直中心：分布选中对象，使对象的垂直中心相隔距离一致。
- 下边缘：分布选中对象，使对象的下边缘相隔距离一致。
- 垂直间距：分布选中对象，使对象的竖向间距一致。
- 垂直压缩：压缩选中对象，使对象的上下边缘之间不留间隔。
- 左边缘：分布选中对象，使对象的左边缘相隔距离一致。
- 水平中心：分布选中对象，使对象的水平中心相隔距离一致。
- 右边缘：分布选中对象，使对象的右边缘相隔距离一致。
- 水平间距：分布选中对象，使对象的横向间距一致。
- 水平压缩：压缩选中对象，使对象的左右边缘之间不留间隔。

图 2-2-13　分布对象按钮面板

【练习 2-28】

参看图 2-2-14 所示的方法，以前面板中的数值输入控件为例，将其下边缘对齐/水平居中。

图 2-2-14　分布对象

选择"编辑"→"分布所选项"命令，可在另一组对象上重复分布操作，按下 Ctrl+D 键，也可在另一组对象上重复分布操作。

15．组合和锁定对象

编辑前面板的功能布局时，对不同功能、性质的输入控件和显示控件进行规划、组合和锁定，可以防止在编辑或使用过程中的误删或位置移动等问题。

【练习 2-29】

参看图 2-2-15 所示的方法，尝试编写该界面，将两个下拉列表输入控件设置为一个组合，并设置为锁定。

图 2-2-15　组合与锁定对象

16．重新排列对象

若前面板的控件存在堆叠放置的情况，则输入 VI 运行后将导致屏幕显示刷新速度降低，还可能引起控件闪烁等问题。遇到此种情况，利用排序操作将相关的对象调整顺序后可以改善因堆叠放置引发的问题。

【练习 2-30】

参看图 2-2-16 所示的方法，掌握将堆叠的对象重新排列的方法。

图 2-2-16　重新排列对象

在程序框图中也可以执行上述操作。

17．显示/隐藏标签及数字显示

前面板的一些数值控件（滑动杆、仪表等），附带了标签、数字显示，在需要时可以增强控件数据的可读性。

【练习 2-31】

参看图 2-2-17 所示的方法，以滑动杆控件为例，掌握设置显示/隐藏标签及数字显示的方法。

图 2-2-17　显示/隐藏标签及数字显示

2.2.2　程序框图的连线

连线是程序框图中各个对象间数据传递的载体。连线上传递的是数据，在连线上放置探针可以获得调试程序需要的数据。

1．连线的外观和结构

连线的颜色、样式和粗细视其数据类型的不同而不同，这与接线端以不同颜色和符号来表示前面板控件的数据类型的方法相似。

【练习 2-32】

参看图 2-2-18，以"比较窗函数"VI 为例，了解连线的连线段、交叉点的概念。

图 2-2-18　连线的外观和结构

2．查找断线原因

VI 正常运行的必需条件是不允许程序框图中有断线，若程序框图中存在断线（连错的线和应该连线而未连接的线），则 VI 将无法运行。断开的连线显示为黑色的虚线，中间有个红色的"×"图案。

【练习 2-33】

参看图 2-2-19，掌握查找引起 VI 断线的原因。

（a）查找未连接引起 VI 断线的原因

（b）查找连错线引起 VI 断线的原因

图 2-2-19　查找引起 VI 断线的原因

借助"即时帮助"窗口（快捷键为 Ctrl+H 键）可确定准确的连线位置。将光标移到某个 VI 或函数接线端时，"即时帮助"窗口会列出该 VI 或函数的每一个接线端。

3．手动连线

相对于自动连线操作，手动连线是程序框图中使用最多的连线方法。

【练习 2-34】

参看图 2-2-20 所示的步骤，完成断线 VI 的连线。

图 2-2-20　为断线 VI 连线

若需交换函数上两个输入端之间连线的位置，又不想通过手动删除和替换连线操作，则可以使用另一种替换的操作方法，按住 Ctrl 键并单击其中一个输入接线端即可实现。

若用连线连接两种不同的数据类型，并且这两种数据类型的相似度较高，则 LabVIEW 可以通过强制类型转换使这两种数据类型匹配。此时，程序框图中将出现一个强制转换点。部分强制转换会占用额外的内存，增加执行时间，并且会降低运算结果的精度。

4．自动连接对象

当所选对象（如某函数）移动到程序框图中其他对象（如另一函数）的附近时，两对象附近将显示临时连线，用以提示两对象间有效的连线方式。此时，释放所选对象，重新选择对象并保存，在按住鼠标左键的同时移动该对象，两对象之间将完成自动连线。

在默认情况下，从"函数"选板中选择对象，或通过按住 Ctrl 键的同时拖动对象来复制一个程序框图中已有的对象，自动连线方式将启用。使用定位工具移动程序框图中已有的对象，自动连线功能将被禁用。

选择"工具"→"选项"命令，打开"选项"对话框，从"类别"下拉列表中选择"程序框图"选项，并取消勾选"启用自动连线"复选框，可取消自动连线功能。

【练习 2-35】

参看图 2-2-21 所示的步骤，以先加后乘运算为例，通过自动连线实现"加"函数的结果与"乘"函数的输入的自动连线。

图 2-2-21　自动连接对象

5．连线的路径选择

进行连线操作时，连线的路径是由 LabVIEW 自动规划的。在选择路径时，LabVIEW 会自动地减少连线转折，同时尽可能自动连线至输入控件的右侧和显示控件的左侧。

（1）若需对已有连线进行自动连线路径选择，则可右击该连线，打开快捷菜单，选择"整理连线"选项。

（2）开始连线后，按下 A 键可以暂时取消自动连线路径选择功能，转为手动连线。再次按下 A 键可重新启用自动连线路径选择功能。

（3）连线结束后，LabVIEW 会重新启用自动连线路径选择功能。完成前一次连线操作，松开鼠标左键后，LabVIEW 也会再次启用自动连线路径选择功能。

（4）选择"工具"→"选项"命令，打开"选项"对话框，在"类别"下拉列表中选择"程序框图"选项，取消勾选"启用自动连线路径选择"复选框，即可取消所有新连线的自动连线路径选择功能。

（5）即使启用了自动连线路径选择功能，还可以通过按空格键来对连线进行水平或垂直方向切换。若 LabVIEW 发现了一个新的连线方向，则该连线会切换到那个方向。

（6）使用 Ctrl+U 键，可对整个程序框图和对象进行自动整理。若先选择一部分连线及对象，再使用 Ctrl+U 键，则仅对已选择的对象和连线进行自动整理。

6．选择连线

使用"工具"选板的定位工具单击、双击或连续三次单击连线可以选中相应的连线。

（1）单击连线：选中连线的一个直线线段。

（2）双击连线：选中连线的一个分支。

（3）连续三次单击连线：选中整条连线。

7．在连线上添加标签

程序框图中的连线默认是没有备注信息的，若想为程序框图中的个别连线标注提示信息以便于辨识，则可以通过为连线添加标签来实现。

【练习 2-36】

参看图 2-2-22，为前面练习中纠正 VI 断线而重新连接的连线添加标签。

图 2-2-22　为连线添加标签

自带标签可移动至连线的任意位置，但无法将自带标签锁定在连线上。

8. 纠正断线

程序框图处于编辑的过程中，时常会出现断线的情况。遇到断线，需要具体情况具体分析，切忌盲目将所有断线全部删除，避免造成巨大的恢复操作工作量（提示：可以使用 Ctrl+Z 键撤回上一次操作）。下面列出了常用的纠正断线的方法。

（1）用定位工具连续三次单击连线并按下 Delete 键可以删除断线。

（2）选择"编辑"→"删除断线"命令或按下 Ctrl+B 键，可以清除所有断线。也可选中结构或部分程序框图代码，然后按下 Ctrl+B 键，选中的断线将被清除。

（3）若删除连线的一个分支，则可能会导致整条连线断裂。重新连接连线分支，可修复断裂的连线。

（4）清除所有断线时应谨慎，因为程序框图中的连线尚未全部完成时也会出现断线。

（5）若删除一条自带标签的连线的分支，则断线上仍然会保留标签。若连接两段自带标签的连线，则连接至源接线端的连线标签成为新连线的标签。

2.2.3　接线端的显示形式

程序框图中接线端的显示形式分为图标和数据类型两种，以图标形式显示的接线端较大，以数据类型形式显示的接线端较小。在默认情况下，程序框图的接线端以图标形式显示。数据类型显示形式将在后面进行介绍。

选择"工具"→"选项"命令，打开"选项"对话框，从"类别"下拉列表中选择"常规"选项，取消勾选"以图标形式放置前面板接线端"复选框，统一将"图标"显示形式切换为"数据类型"显示形式。

【练习 2-37】

参看图 2-2-23，掌握程序框图中接线端的图标显示形式与数据类型显示形式的转换方法。

图 2-2-23　接线端的图标显示形式与数据类型显示形式的转换

2.2.4　程序框图节点

回顾图 2-1-9 所示的程序框图中的节点，节点是程序框图中的对象，具有输入/输出端，在 VI 运行时参与运算。节点相当于文本编程语言中的语句、运算符、函数和子程序。图 2-2-24

所示为程序框图的节点成员。

程序框图节点

| 函数：内置的执行元素，相当于操作符、函数或语句。 | 子VI：用于另一个VI程序框图中的VI，相当于子程序。 | Express VI：用于常见测量任务的子VI，Express VI可在配置对话框中进行配置。 | 结构：执行控制元素，例如For循环、While循环、条件结构、平铺式和层叠式顺序结构、定时结构和事件结构。 | 公式节点和表达式节点：公式节点是可以直接向程序框图输入方程的结构，其大小可以调节。表达式节点是用于计算含有单变量表达式或方程的结构。 | 属性节点和调用节点：属性节点是用于设置或寻找类的属性的结构。调用节点是设置对象执行方式的结构。 | 通过引用调用节点：用于调用动态加载的VI的结构。 | 调用库函数节点：调用大多数标准共享库或DLL的结构。 |

图 2-2-24　程序框图的节点成员

2.2.5　使用"函数"选板

程序框图中的函数均源自"函数"选板，"函数"选板中的 VI 和函数是分类排列的。有些内置类别在默认情况下并不包含任何函数。安装相应的模块、工具包或驱动程序后，空的内置类别中将显示相关函数或 VI。

1. 设置选板的显示格式

"函数"选板提供了 6 种选板的显示格式，分别是类别（标准）、类别（图标和文本）、图标、图标和文本、文本、树形，用户可以根据使用习惯设置显示格式。

【练习 2-38】

参看图 2-2-25 所示的步骤，掌握两种设置选板显示格式的方法。

（a）方法 1

图 2-2-25　两种设置选板显示格式的方法

（b）方法 2

图 2-2-25　两种设置选板显示格式的方法（续）

2．调整可见的选板

"函数"选板采用的是折叠显示方式，默认可见的选板一直处于显示状态。单击"函数"选板底部的向下箭头可以显示完整的"函数"选板。可见的"函数"选板默认显示的函数有些可能使用率极低，通过更改可见选板设置，将使用频率较高的选板突出显示，并关闭一些不常用的选板，提高选板的使用效率。

（1）安装了特定模块、工具包和驱动程序后，默认显示为空的内置类别中会显示相关对象。

（2）前面板的选板可见设置操作与"函数"选板类似。

【练习 2-39】

参看图 2-2-26 所示的步骤，将"视觉与运动""互连接口""控制和仿真""Express"设置为不可见。

图 2-2-26　更改可见选板

2.2.6 使用函数

函数有助于实现程序所需的各种运算，这是通行的程序设计做法，LabVIEW 编程也不例外。"函数"选板（见图 2-2-27）中包含许多与数学运算相关的函数，在编程时直接调用这些函数可以提高开发效率。

图 2-2-27 "函数"选板

1. 放置函数

【练习 2-40】

参看图 2-2-28 所示的步骤，掌握从"函数"选板中选择"加"函数并将其放置在程序框图中的方法。

图 2-2-28 在程序框图中放置"加"函数

2. 为函数添加接线端

函数的接线端（见图 2-2-29）在数量上一般是固定的，但有一些函数的接线端数量是可变的。例如，要创建一个包含 10 个元素的数组，就必须为"创建数组"函数添加 10 个接线端。

接线端数量固定 ➡

图 2-2-29 函数的接线端

【练习 2-41】

参看图 2-2-30 所示的步骤，以"创建数组"函数为例，掌握为其添加、删除接线端的方法。

图 2-2-30 添加、删除函数接线端

第 3 章

LabVIEW 数据处理基础

本章详细讲解 LabVIEW 的常用数据类型、利用编程结构处理数据的常用方法及数据的图形化显示手段。

3.1 数据操作

3.1.1 数据类型

前面板中的控件，可以输入或显示数值、文本、布尔等多种类型的数据，这里的"类型"是指数据类型。举个简单的例子，数值控件显示的阿拉伯数字"1"和字符串控件显示的文本"1"，尽管都可以表示"1"这个意思，但在程序运算时是按不同的数据类型处理的。

相较前面板而言，数据类型在程序框图中更容易辨识。这是因为程序框图中的接线端有显著的颜色区分来表示数据类型。例如，橙色的接线端表示数值型数据，绿色的接线端表示布尔型数据。常用的数据类型有数值型、布尔型、字符串型、枚举型、数组、簇等。LabVIEW的数据类型如表 3-1-1 所示。

表 3-1-1　LabVIEW 的数据类型

输 入 控 件	显 示 控 件	数 据 类 型	用　　　途	默　认　值
SGL	SGL	单精度浮点数	占用内存较少且不会造成数字溢出	0.0
DBL	DBL	双精度浮点数	数值对象的默认格式	0.0
EXT	EXT	扩展精度浮点数	因平台而异，只有在确有需要时才使用该数据类型	0.0
CSG	CSG	单精度浮点复数	与单精度浮点数相同，但有实部和虚部	0.0 + 0.0i
CDB	CDB	双精度浮点复数	与双精度浮点数相同，但有实部和虚部	0.0 + 0.0i
CXT	CXT	扩展精度浮点复数	与扩展精度浮点数相同，但有实部和虚部	0.0 + 0.0i

输 入 控 件	显 示 控 件	数 据 类 型	用　　　途	默 认 值
`FXP`	`FXP`	定点数	存储在用户定义范围内的值，如不需要浮点数表示的动态范围或浮点数运算占用了大量 FPGA 资源，为了更有效地使用 FPGA 资源，可使用定点数	0.0
`I8`	`I8`	单字节整型数	表示整型数，可以为正也可以为负	0
`I16`	`I16`	双字节整型数	同单字节整型数	0
`I32`	`I32`	长整型数	同单字节整型数	0
`I64`	`I64`	64 位整型数	同单字节整型数	0
`U8`	`U8`	无符号单字节整型数	仅表示非负整型数，正数范围比单字节整型数更大（这两种表示法表示数字的二进制位数相同）	0
`U16`	`U16`	无符号双字节整型数	同无符号单字节整型数	0
`U32`	`U32`	无符号长整型数	同无符号单字节整型数	0
`U64`	`U64`	无符号 64 位整型数	同无符号单字节整型数	0
`Ⓧ`	`Ⓧ`	<64.64>位时间标识	高精度绝对时间	12:00:00.000 AM 1/1/1904（通用时间）
`◄►`	`◄►`	枚举	供用户选择的项目列表	—
`TF`	`TF`	布尔	存储布尔值（TRUE/FALSE）	FALSE
`abc`	`abc`	字符串	独立于平台的信息和数据保存格式，用于创建简单的文本信息、传递和存储数值数据等	空字符串
`[ ]`	`[ ]`	数组	方括号内为数组元素的数据类型，方括号的颜色与数据类型的颜色一致。数组维度增加时方括号变粗	—
`[CDB]`	`[CDB]`	复数元素矩阵	连线样式不同于使用同一数据类型的数组	—
`[DBL]`	`[DBL]`	实数元素矩阵	连线样式不同于使用同一数据类型的数组	—
`⬚` `⬚` `⬚` `OBJ`	`⬚` `⬚` `⬚` `OBJ`	簇	可包含若干种数据类型的元素。若簇内所有元素的数据类型为数值型，则簇显示为褐色；若簇内有非数值类型的元素，则簇显示为粉红色。错误簇显示为深黄色，LabVIEW 类簇默认为深红色，报表生成 VI 的错误代码簇为湖蓝色	—
`⬚`	`⬚`	路径	使用所在平台的标准语法存储文件或目录的地址	空路径
`⬚`	`⬚`	动态	包含与信号相关的数据及说明信号相关信息的属性，如信号名称或数据采集的日期和时间	—
`⬚`	`⬚`	波形	包含波形的数据、起始时间和时间间隔（Δt）	—
`⬚`	`⬚`	数字波形	包含数字波形的起始时间、时间间隔（Δt）、数据和属性	—

续表

输入控件	显示控件	数据类型	用　途	默　认　值
0101	0101	数字	包含数字信号的相关数据	—
		引用句柄	对象的唯一标识符，包括文件、设备或网络连接等	—
		变体	包含输入控件或显示控件的名称、数据类型信息和数据本身	—
I/O	I/O	I/O 名称	将配置的资源传递给 I/O VI，与仪器或测量设备进行通信	—
		图片	包括显示图片的一组绘图指令，图片中可包含线条、圆、文本或其他形状的图形	—

【练习 3-1】

在前面板或程序框图中，快速找出数据类型为数值型、布尔型、字符串型及枚举型的控件。

3.1.2　数值型数据

LabVIEW 的数值型数据可以表达浮点数、定点数、整型数、无符号整型数及复数，如图 3-1-1 所示。同样是表示数值型数据，它们在存储数据时使用的位数和表示的值的范围有所区别。

图 3-1-1　数值型数据

LabVIEW 只能处理介于数值型数据类型表范围内的数据，但可以以文本格式显示 ±9.999999999999999E999 范围内的数据。

1. 浮点数

LabVIEW 中的浮点数符合 ANSI/IEEE 标准 754—1985。浮点数的数据类型接线端颜色为橙色，LabVIEW 的浮点数有如下三种数据类型。

提示：并非所有实数都可以用该标准的浮点数表示，因此使用浮点数进行大小比较时会因舍入误差造成非预期错误。

（1）单精度浮点数 **SGL**（SGL）：为 32 位 IEEE 单精度格式。在内存空间有限且不会出现数值范围溢出时，应使用单精度浮点数。单精度浮点数如图 3-1-2 所示。

符号	指数(8位)								小数(23位)																							
0	0	1	1	1	1	1	0	0	1	0	0	0	0	0	0	0	0	0	0	0	0	0	0	0	0	0	0	0	0	0	0
31	30	29	28	27	26	25	24	23	22	21	20	19	18	17	16	15	14	13	12	11	10	9	8	7	6	5	4	3	2	1	0

图 3-1-2　单精度浮点数

（2）双精度浮点数 （DBL）：为 64 位 IEEE 双精度格式。双精度是数值对象的默认格式，在大多数情况下，应使用双精度浮点数。双精度浮点数如图 3-1-3 所示。

符号	指数(11位)	小数(52位)
63	62 61 60 59 58 57 56 55 54 53 52	51 50 49 48 47 46 45 44 43 42 41 40 39 38 37 36 35 34 33 32 31 30 29 28 27 26 25 24 23 22 21 20 19 18 17 16 15 14 13 12 11 10 9 8 7 6 5 4 3 2 1 0

图 3-1-3　双精度浮点数

（3）扩展精度浮点数 （EXT）：保存扩展精度浮点数到磁盘时，LabVIEW 将其保存为独立于平台的 128 位格式。在内存中，大小和精度根据平台有所不同。仅在必需时，才使用扩展精度浮点数。扩展精度算术的运行速度根据平台的不同有所不同。

1）浮点数的符号数值

LabVIEW 程序运算时可能会产生未定义的或非预期的结果，这将影响后续运算。以浮点数为例，浮点数可以返回以下两种用来表示错误的计算或无意义的结果的符号值。

（1）NaN（非法数字）：表示无效操作产生的浮点数，如对负数取平方根。

（2）Inf（无穷）：表示超出某数据类型值域的浮点数，如 1 被 0 除时产生 Inf。LabVIEW 可返回+Inf 或-Inf。

LabVIEW 的浮点数运算能可靠地传送 NaN 和 Inf，而整型数和定点数不支持符号数值传送。将 NaN 显式或隐式转换为整型数或定点数时，其值将变为目标数据类型的最大值。

2）浮点数与数值单位

LabVIEW 中所有的浮点数类型的数值控件均可以添加表示测量的物理单位，如长度单位"米"、质量单位"千克"等。

【练习 3-2】

参看图 3-1-4 所示的步骤，以数值输入控件为例，理解数值单位及单位转换的概念。

图 3-1-4　设置数值单位及转换单位

3）单位和严格类型检查

为对象（如控件、函数）添加单位时，需要确认单位是否相互兼容，只有兼容的对象才可以连线，否则返回错误结果（断线）。例如，以 m 为单位的对象与以 L 为单位的对象连接时，将返回错误结果，因为 m 为距离单位，而 L 为容量单位。

【练习 3-3】

参看图 3-1-5 所示的步骤，编写程序并理解数值单位严格类型检查的概念。

图 3-1-5　单位和严格类型检查

2．定点数

定点数表示用户指定范围和精度内的有理数，定点数的大小为 1～64 位，定点数可以配置为带符号或不带符号两种。定点数的数据类型是一种用二进制数（又称"位"）表示一组有理数的数值数据类型。定点数仅有一种类型，程序框图中紫色的接线端代表该数据类型是定点数。与精度和范围都可变的浮点数不同，定点数的整数和小数部分都是定长不可变的。

提示：

由于二进制数的基数是 2，当以浮点数表示有理数时，有理数的分母必须是 2 的幂的约数。

若不需要使用浮点数表示法表示动态范围，或使用不支持浮点数算术的终端，则可使用定点数的数据类型。

定点数 [FXP] （FXP）：存储空间最大为 64 位。

1）以定点数表示有理数

定点数具有固定数量的整数位和分数位，整数位和分数位分别在二进制点的左、右两侧。

由于定点数可指定其确切的位数，因此二进制小数点的位置是固定的。而浮点数在运算时允许整数位和分数位的位数不同，简单地说，浮点数的二进制小数点可以移动或浮动。例如，有理数 0.5 可表示为一个总位数为 8、整数位为 4 的定点数。在 LabVIEW 中，同一个有理数也可表示为一个总位数为 16、整数位为 8 的定点数，定点数表示有理数如表 3-1-2 所示。

表 3-1-2　定点数表示有理数

有　理　数	对应的定点数
0.5	0000.1000
0.5	00000000.10000000

以定点数表示有理数时，若未指定定点数确切的位数，则 LabVIEW 将调整定点数的位数，以尽量避免数据丢失。但是，LabVIEW 无法处理大于 64 位的数据。

2）配置定点数

若要将一个数据用定点数表示，则可右击数据对象，打开快捷菜单，选择"表示法"→"更改对象的数据类型"命令。LabVIEW 可以配置定点数的编码，还可指定定点数是否包括上溢状态，以及数值函数如何处理定点数的上溢和凑整。

若要配置一个定点数，则可右击常量、控件或数值函数，选择快捷菜单中的"属性"选项，打开"数值类的属性:数值"对话框、"数值常量属性"对话框或"数值节点属性"对话框进行配置。

【练习 3-4】

参看图 3-1-6 所示的步骤，编写程序并为数值输入控件配置定点数，理解定点数的概念，并尝试为数值常量、数值显示控件配置定点数。

图 3-1-6　配置定点数

3）范围

LabVIEW 根据用户为定点数指定的编码值计算定点数的范围和 delta。

最小值：设置定点数范围的最小值。

最大值：设置定点数范围的最大值。

delta：指定范围内数字间的增量。

【练习 3-5】

参看图 3-1-7 所示的步骤，使用"即时帮助"窗口查看定点数的配置情况。

图 3-1-7　使用"即时帮助"窗口查看定点数的配置情况

4）显示和隐藏定点数的溢出状态 LED

将定点数的数值输入控件或显示控件或常量配置为"包括溢出状态"后，可显示或隐藏控件或常量的溢出状态 LED。该指示灯 LED 用来显示定点数是否是溢出运算得到的结果。

【练习 3-6】

参考图 3-1-8，掌握设置溢出状态 LED 的方法。

图 3-1-8　设置溢出状态 LED

5）支持定点数数据类型的 VI 和函数

并非所有的 VI 和函数都支持定点数数据类型。将一个定点数连接至不支持定点数数据类型的 VI 或函数，VI 将产生断线。表 3-1-3 列出了支持定点数数据类型的 VI 和函数。

表 3-1-3　支持定点数数据类型的 VI 和函数

函 数 类 型	函数、VI 名称
数值函数	绝对值、加、减 1、除、加 1、乘、取负数、倒数、最近数取整、向上取整、向下取整、按 2 的幂缩放、有符号、平方、平方根、减
比较函数	等于？、等于 0？、大于等于？、大于等于 0？、大于？、大于 0？、判定范围并强制转换、小于等于？、小于等于 0？、小于？、小于 0？、最大值与最小值、不等于？、不等于 0？
转换函数	布尔数组至数值转换、数值至布尔数组转换、转换为单字节整型数、转换为双精度浮点数、转换为扩展精度浮点数、转换为定点数、转换为长整型数、转换为 64 位整型数、转换为单精度浮点数、转换为无符号单字节整型数、转换为无符号长整型数、转换为无符号 64 位整型数、转换为无符号双字节整型数、转换为双字节整型数

函 数 类 型	函数、VI 名称
数据操作函数	平化至字符串、逻辑移位、带进位的左移位、带进位的右移位、强制类型转换、从字符串还原
LabVIEW 模式函数	平化至 XML、从 XML 还原
字符串/数值转换函数	十进制数字字符串至数值转换、分数/指数字符串至数值转换、十六进制数字字符串至数值转换、数值至十进制数字字符串转换、数值至工程字符串转换、数值至指数字符串转换、数值至小数字符串转换、数值至十六进制数字字符串转换、数值至八进制数字字符串转换、八进制数字字符串至数值转换

3．整型数

整型数可用于表示整个数字，可以表示正数，也可以表示负数，即包含复合的整型数。将浮点数转化为整型数时，VI 将把数字舍入到最近的偶数。例如，3.3 舍入为 3，3.5 舍入为 4。整型数有如下 4 种数据类型，程序框图中蓝色接线端表示的是整型数。

（1）单字节整型数 I8 （I8）：1 字节长度的整型数，存储空间为 8 位。

（2）双字节整型数 I16 （I16）：2 字节长度的整型数，存储空间为 16 位。

（3）长整型数 I32 （I32）：存储空间为 32 位。在大多数情况下，建议使用长整型数。

（4）64 位整型数 I64 （I64）：存储空间为 64 位。

4．无符号整型数

无符号整型数与有符号整型数的二进制位数相同，无符号整型数仅用于表示非负整型数，因此无符号整型数所能表示的正数范围大于有符号整型数。

无符号整型数有 4 种数据类型，无符号整型数的数据类型接线端颜色为蓝色。

（1）无符号单字节整型数 U8 （U8）：长度为 1 字节的无符号整型数，存储空间为 8 位。

（2）无符号双字节整型数 U16 （U16）：长度为 2 字节的无符号整型数，存储空间为 16 位。

（3）无符号长整型数 U32 （U32）：存储空间为 32 位。

（4）无符号 64 位整型数 U64 （U64）：存储空间为 64 位。

5．复数

复数是将实部与虚部相连接的浮点数，复数的数据类型接线端颜色为橙色，使用复数函数可创建复数。

复数有如下 3 种数据类型。

（1）单精度浮点复数 CSG （CSG）：与单精度浮点数相同，但有实部和虚部。

（2）双精度浮点复数 CDB （CDB）：与双精度浮点数相同，但有实部和虚部。

（3）扩展精度浮点复数 CXT （CXT）：与扩展精度浮点数相同，但有实部和虚部。

3.1.3　布尔型数据

布尔型数据用于判断"真""假""有""无"，布尔型数据的值非"真"即"假"。布尔型数据由前面板的"布尔"选板提供，数据类型接线端颜色为绿色。"布尔"选板如图 3-1-9 所示。

图 3-1-9　"布尔"选板

LabVIEW 的"布尔"选板提供了一些开关，这些开关具备完全模拟机械开关、触发的能力。开关、触发这两种动作都可以改变布尔控件的值，区别在于如何恢复控件的原值。把具备不同机械动作的开关运用在仪器界面的设计中，可以充分发挥逻辑控制及机械动作的特性。LabVIEW 的布尔控件将机械动作细分为 6 种，如表 3-1-4 所示。

表 3-1-4　布尔控件的机械动作

机 械 动 作	说　明	典型使用场合举例
单击时转换	按下该按钮时改变状态，按下其他按钮之前保持当前状态	照明灯开关：按下按钮后灯立即点亮，并一直保持点亮状态直到再次按下按钮为止
释放时转换	释放该按钮时改变状态，释放其他按钮之前保持当前状态	复选框：只在释放鼠标左键后才改变复选框的值，单击后如将光标移至复选框外再释放则复选框值不改变，因而有更多考虑时间
保持转换直到释放	按下该按钮时改变状态，释放按钮时返回原状态	门铃：按下该按钮后门铃立即响起并保持响声直至释放该按钮
单击时触发	按下该按钮时改变状态，LabVIEW 读取控件值后返回原状态	紧急停止按钮：按下按钮后系统立即停止运行，且按钮在系统读取值改变后立即重置，从而允许被再次按下
释放时触发	释放该按钮时改变状态，LabVIEW 读取控件值后返回原状态	关闭按钮：只在释放鼠标左键且应用程序读取值改变后才关闭程序，单击后如将光标移至按钮外再释放则不关闭程序，因而有更多考虑时间
保持触发直到释放	按下该按钮时改变状态，释放该按钮且 LabVIEW 读取控件值后返回原状态	机器人移动控制器：按下按钮后，控制器通知机器人系统移动机器人。释放按钮后，机器人系统读取控件值，机器人恢复不动的状态

【练习 3-7】

参考图 3-1-10 所示的步骤，掌握两种更改布尔控件的机械动作的方法。

图 3-1-10　更改布尔控件的机械动作

3.1.4　字符串型数据

字符串型数据在 LabVIEW 中的使用频率不亚于数值型数据。字符串可以表示字母和数字组合的文本信息，也可以表示一串由字符串表达的数据信息，如"3.1415926"。LabVIEW可以通过函数将文本转换为数值，由字符串组成文本的数据信息如"3.1415926"可以转换为数值型数据。由于字符串和数值可以通过函数相互转换，因此字符串还承载了"数字—字符"信息的表达含义。

前面板中的字符串相关控件、程序框图中的字符串相关函数及字符串常见的用途如图 3-1-11 所示。

（a）前面板中的字符串相关控件

图 3-1-11　前面板中的字符串相关控件、程序框图中的字符串相关函数及字符串常见的用途

（b）程序框图中的字符串相关函数

（c）字符串常见的用途

图 3-1-11　前面板中的字符串相关控件、程序框图中的字符串相关函数及字符串常见的用途（续）

1. 文本框、标签中的字符串

前面板中的字符串输入控件和字符串显示控件是操作字符串数据的典型控件。为了满足不同场合文本显示的需求，LabVIEW 提供了 4 种字符串显示样式。

【练习 3-8】

参看图 3-1-12，编写程序并掌握设置字符串显示样式的方法。

- LabVIEW 将反斜线（\）后紧接的字符视为不可显示字符的代码。反斜线模式适用于调试 VI 及把不可显示字符发送至仪器、串口及其他设备（串口通信应用）等情况。

- 大写字母用于十六进制字符，小写字母用于换行、回格等特殊字符。

图 3-1-12　设置字符串显示样式

2．表格中的字符串

除了字符串控件，表格控件中的单元格也支持字符串型数据操作，表格的数据源是由字符串型数据组成的二维数组。

【练习 3-9】

参看图 3-1-13，掌握前面板中表格（输入）控件的组成部分，并对表格中的单元格进行字符串操作。

图 3-1-13　表格控件及其组成部分

3．字符串的拆分、格式化、搜索、替换等操作

在很多情况下，单独的字符串不能直接用于数据处理。例如，串口通信的发送端按一定格式持续发送文本至接收端，接收端接收到按一定格式重复发送的字符串。对接收到的字符串进行拆分、格式化、搜索、替换等操作，才能够满足前面应用对字符串格式预处理的需求，图 3-1-14 所示为字符串的拆分、格式化、搜索、替换等操作。

图 3-1-14　字符串的拆分、格式化、搜索、替换等操作

4. 数值型数据与字符串型数据的转换

对字符串型数据进行拆分、格式化等操作，得到的仍然是字符串型数据，表达的是"数字含义"。数学运算相关函数是不接受字符串型数据的，将字符串型数据转换为数值型数据后，才能使其参与数学运算。图 3-1-15 列出了数值型数据与字符串型数据相互转换的基本思路。

图 3-1-15　数值型数据与字符串型数据相互转换的基本思路

【练习 3-10】

参照图 3-1-16 所示的思路，区别于图 3-1-15 所示的字符串/数值转换函数的使用，使用"扫描字符串"函数实现字符串型数据与数值型数据的转换。

图 3-1-16　字符串型数据与数值型数据的转换

5. 在数值字符串中使用格式说明符

格式说明符，即百分号代码，用于设置如何显示数字。一般通过数值的属性对话框和"格式化字符串"属性指定数值控件的显示格式。格式说明符是以一个%开头，并以一个字母结尾的字符串，结尾字母区分大小写。格式说明符的%和字母间包含的元素如图 3-1-17 所示。需要注意的是，不允许在一个格式说明符中同时使用精度和有效位数。

图 3-1-17　格式说明符的%和字母间包含的元素

6．字符串型数据与路径型数据的转换

字符串型数据与数值型数据可以相互转换，字符串型数据与路径型数据也可以相互转换。路径型数据的接线端为墨绿色，字符串型数据的接线端为粉红色。利用字符串控件输入组合创建路径时，可以采用"字符串至路径转换"函数来实现。

3.1.5　数据常量

数据常量仅位于程序框图中，用于提供固定数值的接线端。每种数据类型都可以创建常量，前面板中是没有数据常量的。数据常量一般用于赋初始值，调试程序时，在程序框图中可以考虑使用数据常量，从而减少前面板的交互操作，提高调试效率。

【练习 3-11】

结合表 3-1-5 所示的字符串型数据/路径型数据的转换端口及范例，以及图 3-1-18 所示的步骤，编写程序并掌握创建数据常量的方法，并举一反三自行创建时间标识符、波形图、布尔数据常量。

表 3-1-5　字符串型数据/路径型数据的转换端口及范例

函数名及图标	端口/范例	说　明
路径至字符串转换	路径 ⸻ 字符串 路径至字符串转换 C:\National Instruments Downloads ⸻ 字符串	可使路径型数据转换为字符串型数据，以操作平台的标准格式描述路径 连线板可显示该多态函数的默认数据类型
字符串至路径转换	字符串 ⸻ 路径 字符串至路径转换 路径 C:\National Instruments Downloads ⸻	将以当前平台的标准格式描述某路径的字符串转换为该路径 连线板可显示该多态函数的默认数据类型

图 3-1-18　创建数据常量

3.2　数组与簇

3.2.1　数组

数组是 LabVIEW 中非常重要的概念，同一类型的数据归为一组就构成了该类型数据的数组。数组由元素和维度组成，元素是构成数组的数据，维度是数组的长度、高度或深度。数组及常见数据类型构成的数组如图 3-2-1 所示，可以创建数值型数组、布尔型数组、字符串数组、路径数组、簇数组等数组。

图 3-2-1　数组及常见数据类型构成的数组

数组可以是一维或多维的，在内存允许的情况下每一维度可有多达 $2^{31} - 1$ 个元素。

1. 数组控件和"数组"子选板

【练习 3-12】

在图 3-2-2 中找到 LabVIEW 前面板中的数组控件，以及程序框图中的"数组"子选板中的数组函数。

图 3-2-2　前面板中的数组控件和程序框图中的"数组"子选板

2. 创建数组的限制条件

尽管有很多元素可以用于创建数组，但也有一些限制条件，如图 3-2-3 所示。

图 3-2-3　创建数组的限制条件

可以创建多维数组或创建每个簇中含有一个或多个数组的簇数组。

3. 创建数组

【练习 3-13】

参看图 3-2-4 所示的创建数值型数组输入控件的方法，该方法为最基础的创建方法，注意程序框图中数组控件的图标变化，并尝试创建图 3-2-1 所列的其他几种数组的显示控件。

图 3-2-4　创建数值型数组输入控件

从 LabVIEW 2015 开始，创建数组的方法相较以前版本的方法更为简单。

【练习 3-14】

参看图 3-2-5 所示的方法，创建一个数值型数组，并以此方法，创建图 3-2-1 所示的其他类型的数组。再尝试将数组的显示控件转换为输入控件。

图 3-2-5　创建数组的方法

4. 数组常量

数组也可以设置常量，创建的数组常量与其自身的数据类型一致。

【练习 3-15】

参看图 3-2-6 所示的方法，掌握创建数值型数组常量的方法，并以此方法创建图 3-2-1 所示的其他类型的数组常量。

图 3-2-6　创建数值型数组常量

5. 创建多维数组

当数组的维数不止一维时，该数组就是多维数组了。对前面板中放置的一维数组进一步操作，就可以得到需要的多维数组。

【练习 3-16】

参看图 3-2-7 所示的步骤，掌握创建多维数组的两种基本方法。

图 3-2-7　创建多维数组

6. 数组的索引

想要准确找到数组中某个位置的元素，可以使用数组索引操作来实现。数组索引可以浏览或定位数组里的所有或某个元素。此外，数组索引还可以提取数组中的元素、行、列和页。

【练习 3-17】

参看图 3-2-8 所示的方法，以一维数组为例，编写程序并掌握索引数组的基本方法。

图 3-2-8　索引数组

7. 数组绘图应用

数组用于数据表达，LabVIEW 中的数组还常用于绘图显示，下面的练习涉及一维数组、二维数组、簇数组的绘图应用。

【**练习 3-18**】

参看图 3-2-9 所示的数组举例，编写程序并掌握在 LabVIEW 中利用一个二维数组输出绘图的方法。请回答波形图的 X 轴与数组的哪一个部分关联。

图 3-2-9　数组举例

【**练习 3-19**】

参看图 3-2-10 所示的簇数组举例，编写程序并掌握使用簇数组（一维数组）表示 XY 图中的 X 值与 Y 值的方法。想一想此方法可延伸应用在哪些场合？

图 3-2-10　簇数组举例

【**练习 3-20**】

参看图 3-2-11 所示的二维数组绘图举例，编写程序并掌握使用数组（二维数组）表示数组波形的基本方法。

- 二维数组元素存储在网格中。需要一个行索引和一个列索引来定位数组中的某一个元素，并且这两个索引都从零开始。下面显示了一个 6 列 3 行的二维数组，其中包含 6×3=18 个元素。
- 该例显示了以二维数值型数组表示的一组波形。其中行索引指定波形，列索引指定波形上的点。

图 3-2-11 二维数组绘图举例

8．数组函数

若要对数组数据进行修改，如准确提取数组中某个位置的数据、改动数组数据的位置，则需要借助数组相关函数来实现。数组函数位于程序框图中的"数组"选板中。这些函数用于数组的创建和编辑等操作。

1）创建数组

除前面介绍的创建数组的基本方法外，还可以通过编程方式创建数组，即使用"数组"选板中的"创建数组"函数。此外，还可利用 For 循环结构创建数组（该方法见后续章节）。

2）自动调整数组大小的函数

某些数组函数具备自动适应数组维数的能力。例如，将一个一维数组连线到某函数，该函数仅显示单个索引输入。若将一个二维数组连线到该函数，则该函数将显示两个索引输入，一个用于行索引，另一个用于列索引，这就是具备自动适应数组维数能力的函数。这些函数包括"索引数组"函数、"替换数组子集"函数、"数组插入"函数、"删除数组元素"函数和"数组子集"函数等。

【练习 3-21】

参看图 3-2-12 所示的步骤，以"索引数组"函数为例编写程序，并掌握定位工具的使用方法。

图 3-2-12 自动调整数组大小的函数（举例）

3）数组默认数据

数组的索引范围与数组元素的个数关联，当索引值设置超出数组元素的数量范围时，数组元素的参数将返回默认值，而不返回错误的范围值。利用"数组大小"函数可确定数组的元素个数，从而得到数组索引的范围。

【练习 3-22】

参看图 3-2-13 所示的步骤，编写程序并理解数组默认数据的概念。

图 3-2-13　数组默认数据

4）通过编程替换数组中的元素

对数组里的元素进行操作，可以通过替换数组中的元素、行、列或页来实现，可替换的部分取决于数组的维数。例如，在二维或二维以上的数组中，可用一维数组替换行或列；在三维或三维以上的数组中，可用二维数组替换页。

【练习 3-23】

替换数组子集如图 3-2-14 所示，使用"替换数组子集"函数对一个二维数组进行替换数组元素的操作，掌握索引行接线端、索引列接线端的用法。

图 3-2-14　替换数组子集

3.2.2　簇

簇和数组在某些方面有相似的地方，都是将一些数据归为一组。簇可以将不同类型的数据归为一组，而数组只能操作同类型的数据。例如，簇里的成员可以包含布尔型数据、数值型数据、字符串型数据甚至是日期时间。簇类似于文本编程语言中的记录或结构体。

【练习 3-24】

　　在程序框图中的"函数"选板中搜索错误簇常量，并将其放置在程序框图中。编写能产生错误簇的小程序，通过认识错误簇显示控件，以及转换为错误簇常量的操作，加深对簇概念的理解。错误簇常量如图 3-2-15 所示。再尝试编写由不同元素组成的簇，理解不同颜色所代表的簇对象的含义。

图 3-2-15　错误簇常量

　　在程序框图中使用簇，显著的优势是能够减少程序框图中因单独接线端产生的大量连线。一个 VI 的连线板最多有 28 个接线端，若前面板中要传送给另一个 VI 的输入控件和显示控件多于 28 个，则应考虑将其中的一些对象组成一个簇，然后为该簇分配一个连线板接线端。

【练习 3-25】

　　读懂图 3-2-16 所示的程序片段，理解在程序中使用簇整合前面板中独立控件的优势。

图 3-2-16　簇使用场合举例

1．簇元素的顺序

　　数组的元素是有序排列的，簇里面元素也是如此。利用这一特点，在对簇元素进行解绑、捆绑操作时就能够有的放矢。

　　（1）簇有别于数组的另一个特性是，簇的大小是固定的。

　　（2）与数组一样，簇包含的要么是输入控件，要么是显示控件，簇不能同时含有输入控件和显示控件。

【练习 3-26】

参看图 3-2-17 所示的步骤，理解簇元素顺序的概念并掌握簇元素重新排序的方法。

- 簇元素的逻辑顺序与元素在簇外框中的位置无关。
- 放入簇中的第一个对象是元素 0，第二个为元素 1，以此类推。
- 若删除某个元素，则元素顺序会自动调整。
- 簇元素顺序决定了簇元素在程序框图中的捆绑和解除捆绑函数中作为接线端出现的顺序。

图 3-2-17　簇元素的顺序

【练习 3-27】

以簇为数组元素构成簇数组是允许的，简单地说，是可以创建簇数组的。参看图 3-2-18，理解创建簇数组的基本条件，并掌握创建簇数组的相关禁忌。

- 若需连线两个簇，则二者必须有相同数目的元素。
- 由簇元素顺序确定的相应元素的数据类型也必须兼容。
- 如果一个簇中的双精度浮点数在顺序上对应于另一个簇中的字符串，那么程序框图中的连线将显示为断开且 VI 无法运行。
- 若数值的表示法不同，则 LabVIEW 会将它们强制转换成同一种表示法。

图 3-2-18　两个簇的连接

2. 创建簇输入控件、簇显示控件和簇常量

簇在前面板中和数组一样也具有输入控件、显示控件，在程序框图中也具备相应的接线端和簇常量。

【练习 3-28】

参看图 3-2-19 所示的步骤，掌握创建簇输入控件、簇显示控件和簇常量的方法，并尝试创建由字符串控件、路径控件组成的簇。

图 3-2-19　创建簇输入控件、簇显示控件和簇常量

3．簇函数

簇函数的创建及相关操作通过"簇、类与变体"选板实现，如图 3-2-20 所示。

图 3-2-20　"簇、类与变体"选板

【练习 3-29】

通过编程实现将不同数据类型的元素构成一个簇，参看图 3-2-21，理解并掌握"捆绑"函数和"按名称捆绑"函数的使用方法。

- 将元素捆绑为簇是一种通过编程创建簇的方式。
- 在"捆绑"函数的元素输入端连接前面板控件接线端或 VI 和函数的输出端。元素在簇中的顺序取决于输入端被连接时的顺序。
- 使用"按名称捆绑"函数可使程序框图更易被理解。

图 3-2-21　使用"捆绑"函数和"按名称捆绑"函数

【练习 3-30】

如果簇包含元素的数据类型完全相同，簇可以通过转换操作成为数组，参看图 3-2-22，编写程序，掌握簇转换为数组的函数的使用方法。

- 可将所包含元素都为同类型的簇转换为数组，并可使用"数组"函数操作数组中的内容。

图 3-2-22　簇转换为数组

【练习 3-31】

参看图 3-2-23，编写程序，掌握解除捆绑簇中元素的方法。

- 解除捆绑簇中元素时，按照簇元素顺序访问和排列簇中所有元素。
- 将簇中元素解除捆绑后，可将其中的单个元素连到至VI、函数和显示控件。若需访问簇中的所有元素，则可使用解除捆绑簇中元素的方法，也可使用"按名称解除捆绑"函数将簇中元素解除捆绑。
- 将一个非空簇连线至"解除捆绑"函数，每个元素的数据类型将出现在各元素的输出端。
- 使用"按名称解除捆绑"函数可使程序框图更易被理解。

图 3-2-23　解除捆绑簇中元素

【练习 3-32】

参看图 3-2-24，编写程序，掌握按名称解除捆绑簇中元素的方法。

- 按名称解除捆绑簇中元素时，将以元素在簇中的顺序按元素名称访问和排列簇中所有元素。
- 若要按名称解除捆绑一个簇，其中的元素必须有标签。
- 按名称解除捆绑簇中的元素后，可将这些元素连接至VI、函数和显示控件。
- 若需访问簇中的某个元素，而该簇包含同一数据类型的多个元素，则可将簇中元素按名称解除捆绑，也可不按名称将簇中元素解除捆绑。

图 3-2-24　按名称解除捆绑簇中元素

3.3　编程结构

简单的编程需求可以理解为数据的函数运算并获得结果，对于一些特殊需求的场合，单纯的函数运算会变得无能为力。在编程中引入编程结构，可以使得程序按照特定的需求执行。

LabVIEW 中的"结构"是传统文本编程语言中的循环和条件语句的图形化表示，图 3-3-1 简要显示了 LabVIEW 中的常用编程结构及使用场合。

图 3-3-1　LabVIEW 中的常用编程结构及使用场合

3.3.1　在程序框图中使用结构

1．添加结构

结构仅可在程序框图中添加使用，添加方法如同在前面板中添加控件一样。

【练习 3-33】

参看图 3-3-2 所示的步骤，以 For 循环为例，掌握在程序框图中添加结构的基本方法，并尝试在程序框图中添加"结构"选板中的其他结构。

图 3-3-2　在程序框图中添加结构

2. 调整结构大小

【练习 3-34】

继续上面的练习，参看图 3-3-3 所示的步骤，掌握调整已放置的 For 循环结构大小的方法（使得 For 循环结构中可以容纳更多的编程对象），并掌握禁用自动扩展功能的方法。尝试放置一个包含两帧的平铺式顺序结构，并调整结构第一帧的大小。该操作是否和调整 For 循环结构大小的操作不同？

3. 结构内放置对象

程序框图中仅放置一个空的结构是没有实际意义的，结构与数据、函数结合才能发挥其效能。将对象拖动到结构内和将结构包围在对象周围是两种常用的结构内放置对象的方法。

【练习 3-35】

参看图 3-3-4 所示的步骤，编写程序，掌握在 For 循环结构内放置对象的两种基本方法。

- 在默认情况下，调整后的结构大小不能小于其中的对象。
- 若需禁用结构的自动调整大小功能，则可右击结构的边框，从快捷菜单中选择"自动扩展"选项，取消复选框的勾选。
- 若将对象放在比对象还小的结构中，则在将对象放置在程序框图中后，结构会自动调整大小以容纳对象。

图 3-3-3　调整结构大小

图 3-3-4　在 For 循环结构内放置对象

4．使用另一结构替换现有结构

LabVIEW 中并非所有的结构都可以相互替换，将不恰当的结构替换为另一种结构，可以达到改善程序的执行效果或可读性的目的。表 3-3-1 所示为结构间的替换关系。

表 3-3-1　结构间的替换关系

原　结　构	可替换结构
For 循环	While 循环
While 循环	For 循环、定时循环
定时循环	While 循环、定时顺序
定时顺序	平铺式顺序结构、定时循环
条件结构	层叠式顺序结构
平铺式顺序结构	层叠式顺序结构、定时顺序
程序框图禁用结构	条件禁用结构
条件禁用结构	程序框图禁用结构

【练习 3-36】

继续上面的练习，参看图 3-3-5，将 For 循环结构替换为 While 循环结构。

图 3-3-5　将 For 循环结构替换为 While 循环结构

5. 删除结构但不删除其中的对象

【练习 3-37】

继续上面的练习，参看图 3-3-6，将 While 循环结构删除，但不删除其中的"加"函数、输入控件和显示控件，达到减少编程过程中重复操作的目的。

图 3-3-6　删除 While 循环结构但不删除其中的对象

3.3.2　For 循环与 While 循环

For 循环和 While 循环是 LabVIEW 中使用频率较高的结构，两者均用于重复执行程序框图中的代码。For 循环和 While 循环有 6 个共同点（见图 3-3-7），下面展开讲解。

图 3-3-7　For 循环与 While 循环的共同点

1．For 循环

For 循环按照设定的次数重复执行循环内的代码，该代码称为子框图。For 循环两种常用的基本结构形式如图 3-3-8 所示。

图 3-3-8　For 循环两种常用的基本结构形式

除图 3-3-8 所示的 For 循环两种常用的基本结构形式外，For 循环还可以配置为循环并行、移位寄存器功能，右击 For 循环结构的边框，打开快捷菜单，选择相应命令即可实现。

1）指定 For 循环的循环总次数

【练习 3-38】

参看图 3-3-9，编写程序，实现指定 10 次循环的加法计算功能。

图 3-3-9　指定 For 循环的执行次数

2）条件发生时停止 For 循环

【练习 3-39】

参看图 3-3-10，理解为 For 循环添加条件接线端的意义，并掌握设置方法。

图 3-3-10　为 For 循环添加条件接线端

3）使用 For 循环自动处理数组元素

【练习 3-40】

参看图 3-3-11，理解数组连接至 For 循环时输出隧道的处理方法，编写并运行程序得出输出隧道的运行结果。使用"高亮显示执行过程"工具调试，掌握连线至循环的数组及数组输出隧道的具体执行过程。

图 3-3-11　For 循环自动处理数组元素

4）For 循环的隧道

隧道用于 For 循环之间数据的传递，数据通过隧道传入或传出 For 循环。移位寄存器也是一种隧道，移位寄存器获取上一次循环的数据，并将数据传递至下一次循环。当数组连接至 For 循环的输入隧道时，将开启隧道的索引，每循环一次就可以读取数组的一个元素。While循环也可以使用隧道功能。For 循环的隧道用法如图 3-3-12 所示。

2．While 循环

与 For 循环功能类似，While 循环也用于重复执行子程序框图中的代码。区别是，While循环只有在满足设置的停止条件时才停止，否则会永远循环执行。

提示：无论是否满足停止条件，While 循环至少会执行一次。

1）创建基本的 While 循环

While 循环结构的基本形式有两种，如图 3-3-13 所示。两者的区别在于停止条件接线端的判断依据，左图即满足停止条件为真时 While 循环停止运行的形式，此种形式使用最多。

图 3-3-12 For 循环的隧道用法

图 3-3-13 While 循环结构的两种基本形式

【练习 3-41】

参看图 3-3-14，编写程序并理解 While 循环停止条件的概念。

图 3-3-14 While 循环的停止条件

2）调整执行定时

While 循环中函数运算的执行速度取决于计算机 CPU 的效率，简言之，CPU 能"算"多快，程序就能"跑"多快。这意味着，计算机 CPU 的资源被这个程序集中占用了，这将影响其他应用程序的运行。为此，可以适当控制程序执行的速度。

【练习 3-42】

参看图 3-3-15，为 While 循环添加"等待（ms）"函数。想一想，对于 For 循环及其他结构，是否也可以使用延时函数？

图 3-3-15　调整执行定时

3）自动处理数组元素

将数组连线至 While 循环，设置"启用索引"功能，使数组中的每个元素依次参与 While 循环子框图的运算。For 循环也支持"启用索引"功能。

【练习 3-43】

参看图 3-3-16，编写程序并通过"高亮显示执行过程"工具掌握使用循环结构自动处理数组元素的方法。若要深入了解循环中的自动索引功能，则可参看 labview\examples\Arrays\Arrays.lvproj 中的范例。

图 3-3-16　使用循环结构自动处理数组元素

4）累积离开循环数组中的数据

While 循环的输出隧道设置为连接模式时，可连接离开循环的数组，所有输入都按顺序组合成一个数组，维数和连接的输入数组一致。设置 While 循环输出隧道如图 3-3-17 所示。

图 3-3-17 设置 While 循环输出隧道

输出隧道模式还有最终值模式和索引模式。在最终值模式下，显示的是最后一次循环的输出值。索引模式则会创建一个比原维数加一维的数组。For 循环也支持输出隧道模式设置。

5）在循环内使用移位寄存器和反馈节点传递数据

若要在 While 循环内传递数据，则可以考虑使用移位寄存器或反馈节点来实现。在 While 循环中使用移位寄存器的方法与在 For 循环中的用法相同。反馈节点也用于传递上一次执行的值，或在反馈节点每次执行时重置值，也能起到在循环内传递数据的效果。在循环内使用移位寄存器和反馈节点传递数据如图 3-3-18 所示。

图 3-3-18 在循环内使用移位寄存器和反馈节点传递数据

【练习 3-44】

搜索并打开范例查找器的反馈节点——创建数组.vi，读懂在 While 循环内使用移位寄存器和反馈节点实现功能的方法。

3. 移位寄存器

移位寄存器可将上一次循环的值传递至下一次循环（While 循环和 For 循环均适用），使用移位寄存器在循环之间传递数据如图 3-3-19 所示。移位寄存器可以在循环内将一个值传递至下一次循环，也可将多个值传递至下一次循环。

- 右侧接线端含有一个向上的箭头，用于存储每次循环结束时的数据。
- LabVIEW 将数据从移位寄存器右侧接线端传递到左侧接线端。循环将使用左侧接线端的数据作为下一次循环的初始值。
- 该过程在所有循环执行完毕后结束。循环执行后，右侧接线端将返回移位寄存器保存的值。
- 移位寄存器可以传递任何数据类型，并和与其连接的第一个对象的数据类型自动保持一致。连接到各个移位寄存器接线端的数据必须属于同一种数据类型。
- 循环中可添加多个移位寄存器。如循环中的多个操作都需使用上一次循环的值，可以通过多个移位寄存器保存结构中不同操作的数据值。

图 3-3-19 使用移位寄存器在循环之间传递数据

此外，在循环的左侧可以创建层叠式移位寄存器，用于保存前面若干次循环的值，并将这些值传递至下一次循环，该方法常用于求相邻数据点的平均值。

1）将一个值传递至下一次循环

【练习 3-45】

参看图 3-3-20，以 While 循环为例编写程序，并掌握使用移位寄存器将一个值传递至下一次循环的原理。

图 3-3-20　使用移位寄存器将一个值传递至下一次循环

2）将多个值传递至下一次循环

【练习 3-46】

参看图 3-3-21，以 While 循环为例编写程序，并掌握使用移位寄存器将多个值传递至下一次循环的原理。

图 3-3-21　使用移位寄存器将多个值传递至下一次循环

3）重置移位寄存器初始值

【练习 3-47】

参看图 3-3-22，以 For 循环为例编写程序，并掌握重置移位寄存器初始值的方法。

将循环外的数值常量连接至移位寄存器左侧接线端

For循环将执行10次，每次循环后，移位寄存器的值都增加1。For循环完成10次循环后，移位寄存器会将最终值（10）传递给显示控件并结束VI运行。每次执行该VI，移位寄存器的初始值均为0

若移位寄存器未初始化，则循环将使用最后一次执行时写入该寄存器的值；若循环从未执行，则循环将使用该数据类型的默认值

For循环完成10次循环后，移位寄存器会将最终值（10）传递给显示控件并结束VI运行。而第二次运行该VI时，移位寄存器的初始值是上一次循环所保存的最终值10。For循环执行10次后，移位寄存器会将最终值（20）传递给显示控件

- For循环将执行10次，每次循环后，移位寄存器的值都增加1。第一次运行VI时，移位寄存器的初始值为0，即32位整型数的默认值。
- 若需保留VI前后两次运行之间的状态信息，则不要连接左移位寄存器，使其处于未初始化状态。

图 3-3-22　重置移位寄存器初始值

4）将移位寄存器替换为隧道

隧道是将数据传入或传出结构的接线端。若不需将值从一个循环传递至另一个循环，则可用隧道替换移位寄存器。

【练习 3-48】

参看图 3-3-23，以 For 循环为例编写程序，并完成将移位寄存器替换为隧道的操作，之后再次转换，完成将隧道转换为移位寄存器的操作。

图 3-3-23　移位寄存器与隧道相互替换

4．移位寄存器与反馈节点之间的替换操作

【练习 3-49】

参看图 3-2-24，掌握在两种不同情况下将反馈节点替换为移位寄存器的方法。

图 3-3-24　将反馈节点替换为移位寄存器

3.3.3　执行部分代码的编程结构（条件、顺序、禁用）

LabVIEW 中的条件结构、顺序结构、元素同址操作结构、禁用结构都含有多个子程序框图（子程序框图是指结构中包含的代码），可用于指定执行部分代码。

1. 条件结构

条件结构是通过判读输入值实现代码执行的一种结构，包括两个或两个以上子程序框图（也称条件分支）。

【练习 3-50】

参看图 3-3-25，在程序框图中放置一个条件结构。

图 3-3-25　在程序框图中放置一个条件结构

1）创建条件结构执行代码

条件结构可以指定两个或两个以上的分支，并根据结构的输入值执行程序。

【练习 3-51】

参看图 3-3-26，打开范例查找器的条件结构–选择器数据类型范例（Case Structure - Selector Data Type VI），理解并掌握创建由布尔按钮控制的条件结构执行代码的方法。

图 3-3-26　条件结构–选择器数据类型范例

- 连接到分支选择器的字符串是区分大小写的。若要取消区分字符串大小写功能，则需将字符串值连接至分支选择器，右击条件结构的边框，打开快捷菜单，选择"不区分大小写匹配"选项。
- 若条件分支的值是字符串型，则需使用反斜线代码来表示特殊字符。例如，\\表示一个反斜线，\r 表示回车。

2）输入条件分支的值

分支选择器标签，可以输入一个值或一组值的范围，用于更灵活适应编程时条件结构的分支响应条件。表 3-3-2 列出了在输入条件分支的值时，不同的值类型对应的范围说明。

表 3-3-2　输入条件分支的值类型及对应的范围说明

值 类 型	范 围 说 明
数值范围	10..20 表示 10～20 的所有数字，包括 10 和 20
开放式数值范围	范围..100 表示所有小于或等于 100 的数；100..表示所有大于或等于 100 的数
范围列表	值和值之间用逗号分开。例如，..5, 6, 7..10, 12, 13, 14。如果在同一个分支选择器标签中输入的数值范围有重叠，那么条件结构会以更紧凑的形式重新显示该标签。例如，上例将显示为..10, 12..14
字符串范围	范围 a..c 包括所有以 a 或 b 开始的字符串，但不包括以 c 开始的字符串。字符串范围对大小写敏感。例如，A..c 和 a..c 表示不同的范围。LabVIEW 通过 ASCII 值确定字符串的范围

续表

值 类 型	范 围 说 明
枚举值	枚举值的两边有双引号，如"red"、"green"和"blue"。但是在输入这些值时并不需要输入双引号，除非字符串或枚举值本身已包含逗号或范围符号（","或".."）。在字符串值中，反斜线用于表示非字母数字的特殊字符。例如，\r 表示回车、\n 表示换行、\t 表示制表符

【练习 3-52】

参看图 3-3-27，编写程序，掌握分支选择器标签输入值的操作方法并理解设置条件分支的值的意义。

图 3-3-27 设置条件分支的值

3）条件结构上未连线的输出隧道

条件结构允许创建多个输入/输出隧道。条件结构的各个分支上都有输入隧道，但不是每个分支都必须使用输出隧道。

【练习 3-53】

参看图 3-3-28，理解条件结构上未连线的输出隧道的含义，并掌握出现此情况时相应的处理方法。

图 3-3-28 条件结构上未连线的输出隧道

4）使用条件结构处理错误

【练习 3-54】

参看图 3-3-29，编写程序并掌握使用条件结构处理错误的思路。

图 3-3-29　使用条件结构处理错误

5）在条件结构之间添加分支

默认的条件结构只有真和假两个分支，若需使用多分支条件响应，则可为条件结构添加多个分支，并为条件分支排列顺序。

【练习 3-55】

参看图 3-3-30，编写程序并掌握为条件结构添加分支并重新排序的方法。

图 3-3-30　为条件结构添加分支并重新排序

6）指定条件结构的默认分支

当条件结构需要处理超出范围的值时，我们可为条件结构指定一个默认分支，而不必列出所有可能的输入值。例如，如果分支选择器的数据类型是整型数，并且已指定 1、2、3三个条件分支，则还需指定一个默认分支，输入数据为 0、4 或其他有效整型数时执行该默认分支。

【练习 3-56】

参看图 3-3-31，编写程序并执行该 VI，理解设置默认分支的意义，并掌握两种设置默认分支的方法。

图 3-3-31 设置默认分支

7）调换条件结构分支

条件结构的两个可见分支可以对调位置，该操作不影响其他分支及这些分支在快捷菜单中的显示。

【练习 3-57】

参看图 3-3-32，编写程序并掌握调换条件结构分支的方法。

图 3-3-32 调换条件结构分支

8）条件结构分支移位

若连线至分支选择器的数据类型是非枚举的数值型，则可将条件结构的可见分支移动到其他位置。

【练习 3-58】

参看图 3-3-33，编写一个含有 3 个分支的条件结构的程序，并掌握条件结构分支移位的方法。

图 3-3-33　条件结构分支移位

2．顺序结构

顺序结构包含一个或多个按顺序执行的子程序框图或帧。在顺序结构的每一帧中，数据依赖性决定了节点的执行顺序。LabVIEW 提供两种顺序结构：平铺式顺序结构和层叠式顺序结构。

提示：使用顺序结构时，需要特别注意部分代码可能隐藏在结构中。程序调试时应考虑以数据流作为控制执行顺序的依据，而不能简单地以结构帧的先后顺序作为控制执行顺序的依据。

顺序结构有以下特点。

（1）使用顺序结构时，任何一个顺序局部变量都将会打破从左到右的数据流规范。

（2）与条件结构不同，顺序结构的隧道只能有一个数据源，而输出可以来自任意帧。

（3）与条件结构类似，平铺式顺序结构或层叠式顺序结构的所有帧都可以使用输入隧道的数据。

1）平铺式顺序结构

当平铺式顺序结构的帧都连接了可用的数据时，结构中的帧按照从左至右的顺序执行。每帧执行完毕后，会将数据传递至下一帧，这意味着某帧的输入可能取决于另一帧的输出。

【**练习 3-59**】

参看图 3-3-34，编写程序并熟悉平铺式顺序结构的基本使用规则。

图 3-3-34　平铺式顺序结构

提示：若操作时先将平铺式顺序结构转变为层叠式顺序结构，然后转回平铺式顺序结构，则 LabVIEW 会将所有输入接线端移至顺序结构的第 1 帧，平铺式顺序结构进行的操作与层叠式顺序结构进行的操作相同。

2）层叠式顺序结构

层叠式顺序结构将所有的帧依次层叠，因此每次只能看到其中的一帧。执行顺序是从第 0 帧开始，直至最后一帧。

（1）层叠式顺序结构仅在最后一帧执行结束后返回数据。

（2）使用层叠式顺序结构，可以节省程序框图空间。

（3）与平铺式顺序结构不同，层叠式顺序结构需使用顺序局部变量在帧与帧之间传递数据。

（4）顺序结构可以保证执行顺序，但同时也阻止了并行操作。

【**练习 3-60**】

参看图 3-3-35，将练习 3-59 中的平铺式顺序结构转换为层叠式顺序结构，并掌握将平铺式顺序结构替换为层叠式顺序结构的基本方法及添加顺序局部变量的方法。

3．禁用结构

禁用结构是阻止代码执行的一种编程结构，它可以有多个子程序框图，但每次只编译和执行一个子程序框图，要执行的子程序框图在编译时才被确定。在程序调试时使用禁用结构，可以避免重复性的删除、恢复代码操作。非活动子程序框图中的代码在运行时不执行也不编译。禁用结构可以用来禁用部分程序框图中的代码。

不能在帧的标签中输入值。
- 在层叠式顺序结构中添加、删除或重新安排帧时，LabVIEW 会自动调整帧标签中的数字。
- 使用顺序局部变量接线端可将层叠式顺序结构中某一帧的数据传递至其后的帧。
- 只有连接至结构的数据到达结构，层叠式顺序结构才开始运行。只有当所有帧执行完毕后，各个帧才会返回所连接的数据。
- 在顺序结构的帧中，将顺序局部变量接线端连接至需从上一帧接收数据的任意接线端。其后帧的接线端将出现向内的箭头，表示该接线端是该帧的数据源。

图 3-3-35　平铺式顺序结构转换为层叠式顺序结构

1）条件禁用结构

条件禁用结构有一个或多个子程序框图，执行该结构时会依据子程序框图的条件配置只使用其中的一个子程序框图。编译时，LabVIEW 不包括条件禁用结构中非活动子程序框图中的任何代码。

若 VI 的某段代码仅用于特定终端设备，则可将该代码放在条件禁用结构中，并将其配置为在某个特定终端上运行。条件禁用结构中可配置代码的终端包括 Windows、Mac、UNIX 系统和 FPGA 终端。受篇幅限制，详细配置的符号、有效值可以查看 LabVIEW 帮助文档。

2）程序框图禁用结构

在程序框图禁用结构中，LabVIEW 的编译不包括禁用子程序框图中的任何代码。

【练习 3-61】

参看图 3-3-36，打开 \National Instruments\LabVIEW 2013\examples\Structures\Disable Structures\ Disable Structures.lvproj，根据前面板中的文字完成相应的设置并运行程序框图禁用结构 VI，掌握程序框图禁用结构的基本用法。

- 若要禁用程序框图中的部分代码，使这部分代码在运行时不编译，则可使用程序框图禁用结构。
- "程序框图禁用结构"中的"禁用"子程序框图数量不限，但只有一个"启用"子程序框图。
- 若需启用"禁用"子程序框图，则可切换至该子程序框图，右击结构边框并选择"启用本子程序框图"选项。
- 若要在满足某条件的情况下启用部分代码，则应使用条件禁用结构。

图 3-3-36　程序框图禁用结构

3.3.4 事件结构

事件结构是一个等待事件发生并执行相应条件分支、处理该事件的编程结构。事件结构包括一个或多个子程序框图或事件分支，处理事件结构时，仅有一个子程序框图或分支可以执行。

1. 事件结构的组成

图 3-3-37 所示为典型的事件结构应用形式（事件结构和 While 循环的组合），可以持续运行响应事件。

- 事件选择器标签：指定了促使当前显示的分支执行的事件。若需查看其他事件分支，则可单击标签名称后的向下箭头。
- 超时接线端：指定了超时前等待事件的时间，以毫秒为单位。若为超时接线端连接了一个值，则必须有一个相应的超时分支，以避免发生错误。
- 动态事件接线端：接收用于动态事件注册的事件注册引用句柄或事件注册引用句柄的簇。若连线内部的右接线端，则右接线端的数据将不同于左接线端。
- 事件数据节点：用于识别事件发生时LabVIEW返回的数据。与"按名称解除捆绑"函数相似，可纵向调整节点大小，选择所需的项。
- 与条件结构一样，事件结构也支持隧道。但在默认状态下，不必连接事件结构每个分支的输出隧道。所有未连线的隧道的数据类型将使用默认值。

图 3-3-37　典型的事件结构应用形式

2. 添加事件分支

【练习 3-62】

参看图 3-3-38，为一个含有布尔按钮的事件结构添加一个"值改变"事件分支。

图 3-3-38　添加事件分支

3. 使用超时事件

使用一个超时事件可将事件结构配置为等待指定量的时间直到事件发生。

【练习 3-63】

参看图 3-3-39，设置超时时间为 100ms 的超时事件。

• 连接超时数值至事件结构边框左上角的超时接线端，指定事件结构在生成超时事件之前等待某个事件发生的时间，以毫秒为单位。
• 超时接线端的默认值为 "-1"，即结构无限地等待一个事件的发生。

图 3-3-39　使用超时事件

4. 重排事件分支

【练习 3-64】

参看图 3-3-40，将事件结构的两个事件分支进行排序调整。

• "重排分支" 对话框通用于 "条件"、"事件"、"条件禁用" 或 "程序框图禁用" 结构中重排分支。该对话框包括以下部分：
　■ 分支列表：按当前顺序显示各个分支。拖动分支名称可改变排列顺序。
　■ 分支选择器全名：显示选定分支的全名。分支名称太长，无法在 "分支列表" 列表框中完整显示时，可使用该选项。
　■ 排序：按字母表顺序对分支进行排序。用户自定义分支由引号标出，排列在列表的最底端。

图 3-3-40　重排事件分支

3.3.5　局部变量、全局变量

局部变量可以从一个 VI 的不同位置访问前面板对象，全局变量可在同时运行的多个 VI 之间访问和传递数据。

1. 局部变量

局部变量可以对前面板的输入控件或显示控件进行数据的读/写，例如，写入一个局部变量相当于将数据传递给该局部变量关联的接线端。创建局部变量后，局部变量仅仅出现在程序框图中，在前面板中无控件显示。

【练习 3-65】

参看图 3-3-41，以数值输入控件为例，尝试用两种方法编写程序，掌握创建局部变量的方法。

图 3-3-41　创建局部变量

2. 全局变量

全局变量可在同时运行的多个 VI 之间访问和传递数据，全局变量属于内置的 LabVIEW 对象。创建全局变量时，LabVIEW 会自动创建一个有前面板但没有程序框图的特殊全局 VI。在全局 VI 的前面板中添加输入控件和显示控件，能够定义全局变量的数据类型。

【练习 3-66】

参看图 3-3-42，读懂程序并掌握全局变量的工作原理。

图 3-3-42　全局变量

【练习 3-67】

参看图 3-3-43，掌握创建全局变量的基本方法。

图 3-3-43　创建全局变量

3. 变量的读/写操作

创建局部变量或全局变量后，就可以对变量进行数据读/写操作了。在默认情况下，创建的新变量是接收数据状态，呈现为显示控件。

变量可以由初始的"接收数据"配置为数据源来"输出数据"，读取局部变量或读取全局变量。右击变量，打开快捷菜单，选择"转换为读取"选项，可将该变量配置为一个输入控件。节点执行时，VI 将读取相关前面板输入控件或显示控件中的数据。

若需要变量从程序框图中接收数据而不是输出数据，则可右击该变量，打开快捷菜单，选择"转换为写入"选项。

在程序框图中，读取局部变量、全局变量与写入局部变量、全局变量间的区别可以简单地类比为输入控件和显示控件的区别。类似于输入控件，读取局部变量或全局变量的边框较粗；类似于显示控件，写入局部变量或全局变量的边框较细。

4. 局部变量和全局变量的使用注意事项

局部变量和全局变量是较为高级的 LabVIEW 概念。它们不是 LabVIEW 数据流执行模型中固有的部分。使用局部变量和全局变量时，程序框图可能会变得难以读懂，因此须谨慎应用。

错误地使用局部变量和全局变量，如将其取代连线板或用其访问顺序结构中每一帧中的数值，可能在 VI 中导致不可预期的行为。使用不当时，例如，用来避免程序框图中的过长连线或取代数据流，反而会降低程序执行速度。

1）局部变量和全局变量的初始化

局部变量或全局变量的初始化操作，应在 VI 运行前将已知值写入变量，否则 VI 运行时可能因变量的赋初始值问题导致错误。若变量的初始值是基于某一运算的结果，则应确保读取该变量前先将初始值写入变量。

提示：变量的写入操作与 VI 的其他部分并行运行可能引发程序的竞争状态。

2）竞争状态

当两段或更多的代码并行执行，且访问同一部分的内存时，将引发竞争状态。如果代码是相互独立的，则无法判断 LabVIEW 按照何种顺序访问共享资源。竞争状态随着程序运行的时间因素而改变，因此竞争状态具有相当的不确定性。操作系统、LabVIEW 版本和系统中其他软件的改变均会引起竞争状态。

竞争状态会引起不可预期的结果。例如，两段独立的代码访问同一个队列，但是用户未控制 LabVIEW 访问队列的顺序，在这种情况下会引发竞争状态，即两段代码中的任何一段代码谁先执行谁后执行都是未知的。

【练习 3-68】

参看图 3-3-44，编写程序，理解使用局部变量和全局变量时的竞争状态。

- 该VI的输出，即本地变量x+y的值取于首先执行的运算。
- 因为每个运算都把不同的值写入x+y，所以无法确定结果是7，还是3。
- 在一些编程语言中，由上至下的数据流模式保证了执行顺序。
- 在LabVIEW中，可使用连线实现变量的多种运算，从而避免竞争状态。三个图最下面的程序框图通过连线而不是局部变量执行了加运算。
- 若必须在局部变量或全局变量上执行一个以上的操作，则应确保各项操作按顺序执行。
- 若两个操作同时更新一个全局变量，则也会引发竞争状态。
  要避免全局变量引起的竞争状态，可使用功能全局变量保护访问变量操作的关键代码。使用一个功能全局变量而不是多个本地或全局变量，可确保每次只执行一个运算，从而避免运算冲突或数据赋值冲突。

图 3-3-44　使用局部变量和全局变量时的竞争状态

3.4　图形与图表

图形和图表是 LabVIEW 显示具有恒定速率数据的方式，两者的区别在于显示和更新的方式。

（1）将数据送入图形时，图形不会显示之前绘制的数据而只显示当前的新数据。图形一般用于连续采集数据的快速过程。

（2）与图形相反，图表将新的数据点追加到已显示的数据点上以形成历史记录。在图表中，可结合先前采集到的数据查看当前读数或测量值。当图表中新增数据点时，图表将会滚动显示，即在图表右侧出现新增的数据点，同时旧数据点在左侧消失。图表一般用于每秒只增加少量数据点的慢速过程。图形与图表工作原理的差异如图 3-4-1 所示。

本节内容中的练习会使用正弦函数和余弦函数生成相应的数据以实现波形图、波形图表、XY 图的单条曲线和多条曲线显示。

图 3-4-1 图形与图表工作原理的差异

3.4.1 图形和图表的类型

图形和图表的类型如图 3-4-2 所示。

（a）波形图表
（显示采样率恒定的数据。）

（b）XY图
（显示采样率非均匀的数据及多值函数的数据。）

（c）强度图·
（在二维图上以颜色显示第三个维度的值，从而在二维图上显示三维数据。）

（d）数字波形图
（以脉冲或成组的数字线的形式显示数据。）

（e）混合信号图
（显示波形图表、XY图和数字波形图所接收的数据类型。同时也接收包含上述数据类型的簇。）

（f）二维图形
（在二维前面板图中显示二维数据。）

（g）三维图形
（在三维前面板图中显示三维数据。）

（h）ActiveX三维图形
（在前面板ActiveX对象的三维图中显示三维数据。）

图 3-4-2 图形和图表的类型

提示：仅 LabVIEW 完整版和专业版开发系统才提供三维图形控件。

3.4.2 波形图和波形图表

1. 波形图

波形图即前面所说的图形显示方式，用于显示测量值为均匀采样的一条或多条曲线。波形图仅能绘制单值函数，即在 $y = f(x)$ 中，各点沿 X 轴均匀分布。例如，一个随时间变化的波形。

1）在波形图中显示单条曲线

波形图显示单条曲线，是通过接收多种数据类型实现的。例如，一个数值数组中的每个数据被视为图形中的点，从 $x = 0$ 开始以 1 为增量递增 x 索引。

此外，波形图也可以接收包含初始值 x、Δx 及 y 数据数组的簇，还能接收波形数据类型。波形数据类型包含了波形的数据、起始时间和时间间隔。

2）在波形图中显示多条曲线

当波形图接收二维数值类型的数组数据时，数组中的一行对应一条曲线。波形图将数组中的数据视为图形上的点，从 $x=0$ 开始以 1 为增量递增 x 索引。

将一个二维数组数据连接到波形图上，右击波形图，打开快捷菜单，选择"转置数组"选项，可将数组中的每一列作为一条曲线显示。

多曲线波形图尤其适用于 DAQ 设备的多通道数据采集。DAQ 设备以二维数组的形式返回数据，数组中的一列代表一个通道的数据。

波形图显示多条曲线还可接收包含簇的曲线数组。每个簇包含一个包含 y 数据的一维数组。内部数组描述了曲线上的各点，外部数组的每个簇对应一条曲线。多曲线的簇数组如图 3-4-3 所示。

图 3-4-3　多曲线的簇数组

提示：若每条曲线所含的元素个数都不相同，则此种情况应使用曲线数组而不应使用二维数组。例如，当从几个通道采集数据且每个通道的采集时间都不相同时，应使用曲线数组而不是二维数组。因为二维数组中每一行元素的个数必须相同，而簇数组内部数组的元素个数可各不相同。

波形图接收簇的数据显示多条曲线也是可以的。簇中有初始值 x、Δx 和簇数组。每个簇包含一个含有 y 数据的一维数组。使用"捆绑"函数将数组捆绑到簇，或用"创建数组"函数将簇嵌入数组。"创建簇数组"函数可以创建一个包含指定输入内容的簇数组。

波形图还可以接收含有初始值 x、Δx 和 y 数据数组的簇数组来显示多条曲线。这种数据类型常用于多曲线波形图，可以用于指定唯一的起始点和每条曲线的 X 标尺增量。

【练习 3-69】

参看图 3-4-4，编写正弦函数、余弦函数（限定 x 的取值范围）方程，掌握使用波形图绘制单条和多条曲线的原理及方法。

2．波形图表

波形图表即 LabVIEW 的图表显示方式，是显示一条或多条曲线的特殊数值显示控件，可以显示用恒定速率采集到的数据。波形图表会保留来源于此前更新的历史数据。

图 3-4-4　使用波形图绘制单条、多条曲线

【练习 3-70】

参看图 3-4-5，编写程序并掌握设置波形图表历史长度的方法。

图 3-4-5　配置波形图表历史长度

1）在波形图表中显示单条曲线

若单次向波形图表发送一个或多个数据，则 LabVIEW 会将这些数据作为波形图表上的点，从 $x=0$ 开始以 1 为增量递增 x 索引，波形图表将这些输入作为单条曲线上的新数据。

【练习 3-71】

参看图 3-4-6，编写程序并掌握波形图表通过接收单个或多个数据显示单条曲线的方法。

图 3-4-6　波形图表通过接收单个或多个数据显示单条曲线

【练习 3-72】

参看图 3-4-7，编写程序并掌握波形图表通过接收波形数据显示单条曲线的方法。

图 3-4-7 波形图表通过接收波形数据显示单条曲线

2）在波形图表中显示多条曲线

若要向波形图表发送多条曲线的数据，则可将这些数据捆绑为一个标量数值簇，其中每个数值代表各条曲线上的单个数据点。

【练习 3-73】

参看图 3-4-8，编写程序并掌握波形图表通过接收数值数据的簇数组显示多条曲线的方法。

图 3-4-8 波形图表通过接收数值数据的簇数组显示多条曲线

【练习 3-74】

参看图 3-4-9，编写程序并掌握波形图表通过接收波形数据的簇数组显示多条曲线的方法。

提示：若运行 VI 前无法确定需显示的曲线数量，或希望在单次更新中传递多个数据点用于多条曲线，则可将一个二维数组或波形数组连接至波形图表。在默认情况下，波形图表将数组中的每一列作为一条曲线。将二维数组连接至波形图表，右击该波形图表，打开快捷菜单，选择"转置数组"选项，可将数组中的每一行作为一条曲线。

图 3-4-9　波形图表通过接收波形数据的簇数组显示多条曲线

【练习 3-75】

参看图 3-4-10，编写程序并掌握使用波形图表绘制单条曲线、多条曲线及设置显示方式的方法。

图 3-4-10　使用波形图表绘制单条曲线、多条曲线及设置显示方式

3）波形数据类型

波形数据类型包含波形的数据、起始时间和时间间隔（见图 3-4-11），可使用"创建波形"函数创建波形。

图 3-4-11　波形数据的类型

3. XY 图

XY 图是多用途的笛卡儿绘图对象，用于绘制多值函数，如圆形或具有可变时基的波形。XY 图可显示任何均匀采样或非均匀采样的点的集合。

1）在 XY 图中显示单条曲线

XY 图显示单条曲线，可以接收 X 数组和 Y 数组的簇、点数组（每个点是包含 x 值和 y 值的一个簇）及复数数组（X 轴和 Y 轴分别显示实部和虚部）三种数据类型。

【练习 3-76】

参看图 3-4-12，编写程序并掌握 XY 图接收包含 X 数组和 Y 数组的簇，实现显示单条曲线的方法。

图 3-4-12　XY 图接收包含 X 数组和 Y 数组的簇显示单条曲线

【练习 3-77】

参看图 3-4-13，编写程序并掌握 XY 图接收点数组显示单条曲线的方法。

图 3-4-13　XY 图接收点数组显示单条曲线

2）在 XY 图中显示多条曲线

XY 图显示多条曲线，可以接收三种数据类型。

【练习 3-78】

参看图 3-4-14，编写程序并掌握 XY 图接收曲线数组显示多条曲线的方法。

图 3-4-14　XY 图接收曲线数组显示多条曲线

【练习 3-79】

参看图 3-4-15，编写程序并掌握 XY 图接收曲线簇数组显示多条曲线的方法。

图 3-4-15　XY 图接收曲线簇数组显示多条曲线

XY 图还能接收曲线簇数组，其中每条曲线是一个复数数组，X 轴和 Y 轴分别显示复数的实部和虚部。

【练习 3-80】

如图 3-4-16 所示，编写 $y=x^2$ 和 $y=x^3$ 函数（限定 x 的取值范围）方程，并掌握利用 XY 图绘制单条、多条曲线的原理及方法。

图 3-4-16　利用 XY 图绘制单条、多条曲线

XY 图中可显示 Nyquist 平面、Nichols 平面、S 平面和 Z 平面。上述平面的线和标签的颜色与笛卡儿线相同，且平面的标签字体无法修改。

3.4.3　自定义图形和图表

图形和图表提供了详尽的属性设置项，可以配置图形和图表的外观、使它们提供更多显示信息及突出显示数据等。尽管图形和图表绘制数据的方式不同，但有些快捷菜单选项是相同的，而某些选项仅适用于特定的图形或图表。

1.　多个 X 标尺和 Y 标尺

在图形或图表上，使用多个标尺可显示不共享 X 标尺或 Y 标尺的多条曲线。

【练习 3-81】

参看图 3-4-17，编写程序并掌握在波形图、波形图表上添加多个 Y 标尺的方法。

图 3-4-17　在波形图、波形图表上添加多个 Y 标尺

2.　自动调整标尺

所有图形和图表（三维图形除外）的标尺自动调整功能是默认启用的，该功能会依据连接的数据自动缩放图形或图表的水平、垂直标尺。使用自动调整标尺功能会降低系统的性能。

【练习 3-82】

参看图 3-4-18，编写程序，掌握自动调整波形图 Y 标尺的方法，并以此类推，尝试对波形图（表）的 X 标尺设置自动调整标尺。

- 罗盘图、误差线图、羽状图和 XY 曲线矩阵，可从其快捷菜单中选择"自动调整 X 标尺"或"自动调整 Y 标尺"选项。
- 工具选板的"操作"工具或"标签"工具可直接改变图形和图表的水平标尺或垂直标尺。
- 当自动调整图形或图表的坐标轴时，并不包含对隐藏曲线的调整。若需在自动调整时包含对隐藏曲线的调整，则可将隐藏曲线设置为透明。右击图例中的曲线，在快捷菜单中选择"颜色"选项，可更改曲线的颜色。
- 当调节图形或图表标尺时，图形或图表上的其他元素也会跟着移动和调整。右击图形或图表，从快捷菜单中选择"高级"选项，再选择"自动调节标尺"选项，可锁定绘图区。若禁用该选项，则标尺可能会互相重叠。

图 3-4-18　自动调整波形图 Y 标尺

3．格式化 X 标尺和 Y 标尺

【练习 3-83】

参看图 3-4-19，编写程序并掌握格式化 X 标尺和 Y 标尺的方法。

图 3-4-19　格式化 X 标尺和 Y 标尺

4．自定义图形和图表的外观

通过图形或图表的快捷菜单选项可自定义图形和图表的外观。

【练习 3-84】

参看图 3-4-20，编写程序并掌握自定义图形和图表外观的基本思路。

图 3-4-20　自定义图形和图表的外观

5．使用图例

图形和图表的图例用于查看 LabVIEW 在绘图区域绘制的曲线、自定义图形和图表中曲线

的外观。图例的属性可以通过属性节点编程定义。

【练习 3-85】

参看图 3-4-21，自行尝试使用"外观"选项卡在图例中添加曲线，并掌握使用属性节点编程方式在图例中添加曲线的方法。

图 3-4-21　设置图例的曲线数量

【练习 3-86】

参看图 3-4-22，读懂程序设置并编写程序，实现波形图或波形图表曲线可见性设置。

图 3-4-22　曲线可见性设置

【练习 3-87】

参看图 3-4-23，读懂程序设置并编写程序，掌握使用图例工具自定义曲线外观的方法。

图 3-4-23　使用图例工具自定义曲线外观

【练习 3-88】

参看图 3-4-24，编写程序并掌握为波形图表和波形图的图例添加垂直、水平滚动条的方法。

图 3-4-24　为图例添加垂直滚动条

6. 图形工具选板

图形工具选板用于在 VI 运行时对图形或图表进行操作。

【练习 3-89】

参看图 3-4-25，编写程序并掌握图形工具选板的使用方法。

- 游标移动工具：移动所显示图形上的游标，该按钮仅适用于图形。
- 缩放工具：放大或缩小显示图形。
- 平移工具：在显示区域内选择并移动曲线。
- 图形工具选板不适用于三维图形。

图 3-4-25　图形工具选板

3.4.4　平滑线条、曲线

平滑线条可改善图形或图表中线条的外观。启用平滑线条绘图，显示的曲线会更加光滑。

【练习 3-90】

参看图 3-4-26，编写程序并掌握波形图线条平滑的设置方法。

- 若图例不可见，则可右击图形或图表，从快捷菜单中选择"显示项"选项，再选择"图例"选项显示图例。
- 因为平滑线条绘图功能需要大量计算，所以使用该功能可能会降低系统性能。

图 3-4-26　波形图线条平滑设置

3.4.5　动态格式化图形

动态数据有别于前面介绍的数值型、布尔型等数据，动态数据的连线显示为蓝色粗线条，动态数据可以转换为波形标量数组、标量数组。有一些 Express VI 输出的数据就是动态数据，如仿真信号 Express VI。将动态数据或波形数据连接至波形图，可自动格式化图例和图形 X 标尺的时间标识。DAQ 助手输出的也是动态数据。

【练习 3-91】

参看图 3-4-27，编写程序并掌握动态格式化图形的目的及使用方法。

图 3-4-27　动态格式化图形

第 **4** 章

LabVIEW 数据处理进阶

本章详细讲解利用函数多态性处理数据的方法、比较函数在多态性方面的具体应用、利用公式处理数据的思路与方法、存储数据时文件数据的处理方法等。

4.1 函数的多态性

多态是指 VI 或函数能够对数据的类型自适应。例如，"大于？"函数不仅可以比较数值"3>1"，也可以比较字符串，如"*A>B*"。一个多态 VI 范例如图 4-1-1 所示，读取键 VI 是一个多态 VI。

图 4-1-1　一个多态 VI 范例

1. 数值转换

在 LabVIEW 中，数值数据的任何数值表示法都可以转换为其他的数值表示法，数值转换如图 4-1-2 所示。

- 如果把两个或多个不同数值表示法的数值输入一个函数中，函数将以较大、较宽的数值表示法返回数据。
- 在函数执行之前，范围较小的数值格式将被强制转换为范围较大的数值格式。
- 在LabVIEW中发生数值转换的连线端处，将出现一个强制转换点。

图 4-1-2　数值转换

2. 数值函数的多态性

算术函数的输入都是数值型数据。除特别说明外，输入、输出数据使用相同的数值表示法。

【练习 4-1】

参看图 4-1-3，编写程序，以双精度浮点型数据转换为单精度浮点型数据为例，掌握数值函数多态性的处理方法。并尝试新建 VI，为"加"函数的输入端分别连接标量、数组、簇，理解数值函数多态性组合。

图 4-1-3　数值函数的多态性

3．布尔函数的多态性

逻辑运算函数也具有多态性，可以处理数值型或布尔型的数组、数值型或布尔型的簇、数值簇或布尔簇构成的数组等类型的数据。

【练习 4-2】

参照练习 4-1，新建 VI，对"与"函数中两个布尔值输入设置不同的输入组合方式，尝试代入布尔标量、布尔数组、布尔簇完成与运算，理解布尔函数的多态性。

4．数组函数的多态性

大多数的数组函数可以处理 N 维数组，并且数组元素可以使用任意的数据类型。

【练习 4-3】

参看图 4-1-4，以"创建数组"函数为例，理解数组函数的多态性及其数据默认类型的查看方法。

5．字符串函数的多态性

"字符串长度"函数、"转换为大写字母"函数、"转换为小写字母"函数、"反转字符串"函数和"字符串移位"函数可以处理字符串、由字符串构成的数组和簇，以及由簇构成的数组。"转换为大写字母"函数和"转换为小写字母"函数还可以处理数值、数值簇和数值数组，这两个函数把数值当作字符的 ASCII 码来处理。

图4-1-4 "创建数组"函数的多态性及其数据默认类型

"路径至字符串转换"函数和"字符串至路径转换"函数均为多态函数。这两个函数均可用于处理标量值、标量数组、标量簇和由标量簇组成的数组等类型的数据。

【练习4-4】

参看图4-1-5，编写程序并理解字符串转换函数的多态性。

图4-1-5 字符串转换函数的多态性

6. 簇函数的多态性

簇本身包含了多种数据类型的元素，因此簇函数天然具备多态性。两个簇函数的输入端、输出端完成连线后，接线端的样式和相应的前面板控件或显示端口的数据类型将保持一致。

【练习4-5】

参看图4-1-6，编写程序并理解簇的"捆绑"函数与"解除捆绑"函数的多态性。

图4-1-6 簇的"捆绑"函数与"解除捆绑"函数的多态性

7. 比较函数的多态性

"等于？"函数、"不等于？"函数和"选择"函数等比较函数的输入可以是任何类型数据，但所有输入数据的类型必须一致。

【练习 4-6】

参考练习 4-1，新建 VI，对"等于？"函数的两个输入端设置不同的输入组合方式，尝试代入字符串型数据、数值型数据、布尔型数据、数组、簇完成"与等于？"运算，理解比较函数的多态性。

8. 对数函数的多态性

对数函数的输入都是数值型数据。如果输入是整型数据，那么输出是双精度浮点型数据。否则，输出数据和输入数据的数值表示方式相同。

【练习 4-7】

参看图 4-1-7，编写程序并理解对数函数的多态性。

图 4-1-7　对数函数的多态性

4.2　比较函数

比较函数也具有多态性，大多数的比较函数会测试一个输入或比较两个输入，结果将返回一个布尔值。"比较函数"子选板位于程序框图中"函数"选板的"比较"子选板中。

4.2.1　比较数值

数值比较运算，将数值转换为使用相同表示法的数据后再进行比较。比较函数会将每个输入转换为其最大化表示，以便进行准确的比较。

提示：对于带有非法数字（NaN）的一个或两个输入，函数将返回不相等的结果。

【练习 4-8】

参看图 4-2-1，编写程序并理解比较数值特殊情况的处理方式。

图 4-2-1　比较数值的特殊情况

4.2.2 比较字符串

字符串比较是通过 ASCII 码值实现的。从字符串的第 0 个元素开始，一次比较一个元素，直至函数发现不相等或直至一个字符串的末尾才结束比较。若前面的字符都一样，则比较函数认为长的字符串比短的字符串大。

【练习 4-9】

参看图 4-2-2，编写程序并理解比较字符串的基本规则。

- 比较函数从字符串的第0个元素开始，一次比较一个元素，直至函数发现不相等或直至一个字符串的末尾才结束比较。如果前面的字符都一样，比较函数认为长的字符串比短的字符串大。
- "十进制数?"函数和"可打印?"函数等用于测试字符串字符种类的函数，仅判断字符串中第1个字符的类型。

图 4-2-2　比较字符串

4.2.3 比较布尔值

在布尔值的比较运算中，布尔值 TRUE 比布尔值 FALSE 大。

4.2.4 比较数组和簇

某些比较函数具有两种比较模式，即比较元素模式和比较集合模式。

【练习 4-10】

参看图 4-2-3，编写程序并初步理解两种比较模式。

- 在比较元素模式下，函数将逐个比较数组或簇的元素，并返回所有比较结果的相应布尔值构成的数组或簇。
- 有些比较函数只有比较集合模式，因而没有上述快捷菜单选项。

- 在比较集合模式下比较两个数组或簇时，函数返回的是一个布尔值。
- 在比较集合模式下，比较字符串和比较数组的方式是一致的，即比较函数将字符串作为一个 ASCII 码的数组来处理。

图 4-2-3　比较数组（两种比较模式）

1．比较数组

比较多维数组时，每个连接至函数的数组必须维数相同。"最大值"函数与"最小值"函数与其他比较函数不同。根据指定的比较模式和指定的输出，"最大值"函数与"最小值"函数将返回最大的元素或数组、最小的元素或数组。

【练习 4-11】

参看图 4-2-4，编写程序并理解多维数组比较的规则。

图 4-2-4　多维数组比较的规则

1）比较元素模式

在比较元素模式下，比较函数返回与输入数组具有相同维数的一个布尔值数组。输出数组中的每一维为该维中较短的那个输入数组。在每一维（如一行、一列或一页）内，函数比较每个输入数组内的相应元素值，在输出数组内产生相应的布尔值。

2）比较集合模式

在比较集合模式下，比较函数在比较一个数组内的所有元素之后返回单个布尔结果。比较函数在得到结果前将顺序比较各元素，其方式类似于英语单词的字母排序，即比较每个单词中的字母，在出现不相等的字母时停止比较。

2．比较簇

两个簇进行比较，它们必须要有相同的元素数目，每个元素的数据类型必须兼容，并且各个元素在簇内的顺序必须一致。例如，可以将含有双精度浮点型数据和字符串的一个簇与含有长整型数据和字符串的另一个簇进行比较。

【练习 4-12】

参看图 4-2-5，编写程序并理解簇比较的规则。

图 4-2-5　簇比较的规则

1）比较元素模式

在比较元素模式下，比较函数返回一个由布尔元素组成的簇，其中每个元素对应于输入的簇元素。

2）比较集合模式

在比较集合模式下，比较函数在比较一个簇内的所有元素之后返回单个布尔结果。比较函数在得到结果前将顺序比较各元素，其方式类似于英语单词的字母排序，即比较每个单词中的字母，在出现不相等的字母时停止比较。

4.3 公式

在 LabVIEW 中可以直接使用现成的算法（公式），而无须在程序框图中连线完成算法，实现算法快速移植。程序框图可以通过公式节点、表达式节点和脚本节点执行数学运算，LabVIEW 支持 MathScript 节点和其他脚本节点，某些现有脚本中的函数可能不受支持，对于这些函数，可使用公式节点或其他脚本节点。

1. 公式节点

公式节点是一种方便在程序框图中执行数学运算的文本节点，无须使用任何的外部代码或应用程序，且创建公式时无须连接任何基本算术函数。除接受文本方程表达式外，公式节点还接受为 C 语言的文本形式的编程语句。这些程序的组成元素与在 C 语言程序中的元素相似，但并不完全相同。

依次打开"函数"选板、"编程"子选板、"结构"子选板找到公式节点，其是一个结构大小可改变的方框。

【练习 4-13】

参看图 4-3-1，编写一个使用公式节点的程序。

图 4-3-1　使用公式节点的程序

2．表达式节点

依次打开"函数"选板、"编程"子选板、"数值"子选板找到表达式节点，其用于计算含有单个变量的表达式。表达式节点适用于表达式中仅有一个变量的情况，若出现多个变量，则情况会变得较为复杂。表达式节点使用外部传递至变量输入接线端的值作为该变量的值，并由输出接线端返回计算的结果值。

【练习 4-14】

参看图 4-3-2，使用表达式节点编写简单表达式 $x^2 + 33(x+5)$ 的程序。

- 使用"数值"函数来表示该表达式。
- 用表达式节点可创建一个更简单的程序框图。

图 4-3-2　使用表达式节点编写的程序

3．脚本节点

依次打开"函数"选板、"数学"子选板、"脚本与公式"子选板、"脚本节点"子选板找到脚本节点，其用于执行 LabVIEW 中基于文本的数学脚本。LabVIEW 支持调用第三方脚本服务器处理脚本的脚本节点，如 MATLAB 脚本服务器。

在值的传递方面，脚本节点类似于公式节点。但是，脚本节点允许用户导入已有的文本脚本并在 LabVIEW 中通过调用第三方脚本服务器运行导入的脚本。

4.4　文件 I/O

文件 I/O 用于 LabVIEW 文件数据的读/写，"文件 I/O"选板如图 4-4-1 所示。

图 4-4-1　"文件 I/O"选板

4.4.1　文件 I/O 操作流程

典型的文件 I/O 操作流程如图 4-4-2 所示。

创建或打开一个文件	➡	使用"文件I/O"选板上的VI或函数对文件进行读/写操作	➡	关闭文件

图 4-4-2　典型的文件 I/O 操作流程

4.4.2　判定要使用的文件格式

使用何种"文件 I/O"选板上的 VI 取决于文件的格式，图 4-4-3 列出了文件中读/写数据的格式。

文本：若希望记事本等程序也可使用数据，则可使用文本文件格式。该格式是最常见也是最容易跨平台使用的数据格式。在LabVIEW中，下列文件是文本文件：
· 配置文件
· Excel文件
· LabVIEW测量文件
· 电子表格文件
· XML文件

二进制：若需随机读/写文件，并且读/写速度和磁盘空间都为关键考虑因素，则推荐使用二进制文件。在磁盘空间利用和读取速度方面，二进制文件优于文本文件。在LabVIEW中，下列文件是二进制文件：
· TDM/TDMS文件
· 波形
· Zip文件

数据记录：若需在LabVIEW中处理复杂的数据记录或不同的数据类型，则可使用数据记录文件。如果仅从LabVIEW中访问数据，而且需存储复杂的数据结构，数据记录文件是最好的格式。

图 4-4-3　文件中读/写数据的格式

4.4.3　文件路径

文件路径控件使用了一种指定磁盘上文件位置的 LabVIEW 数据类型，文件路径如图 4-4-4 所示。

· 文件路径包含文件所在的磁盘、文件系统根目录到文件之间的路径以及文件名。
· 使用相对路径和符号路径可避免在另一台计算机上创建应用程序或运行VI时重新指定路径。

图 4-4-4　文件路径

相对路径是文件或目录在文件系统中相对于任意位置的地址，而绝对路径描述从文件系统根目录开始的文件或目录位置。相对路径也称为符号路径。

【练习 4-15】

参看图 4-4-5，编写程序并掌握生成相对路径的方法，该路径生成不受 LabVIEW 目录所在位置的影响。

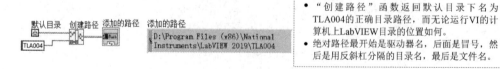

· "创建路径"函数返回默认目录下名为TLA004的正确目录路径，而无论运行VI的计算机上LabVIEW目录的位置如何。
· 绝对路径最开始是驱动器名，后面是冒号，然后是用反斜杠分隔的目录名，最后是文件名。

图 4-4-5　生成相对路径

4.4.4　二进制文件

二进制文件可用于保存数值型数据并访问文件中的指定数字，或随机访问文件中的数字，是存储数据最为紧凑和快速的格式。二进制文件只能通过机器读取。

"文件 I/O" VI 和函数可以对二进制文件进行读/写操作。若需在文件中读/写数值型数据，或创建在多个操作系统中使用的文本文件，则可考虑使用二进制文件函数。

【练习 4-16】

参看图 4-4-6，打开范例 Write Binary File.vi 和 Read Binary File.vi，读懂写入二进制文件和读取二进制文件的方法，并尝试编写该程序。

（a）写入二进制文件

（b）读取二进制文件

图 4-4-6　写入和读取二进制文件

4.4.5　配置文件

使用"配置文件" VI 读取和创建 Windows 配置文件（.ini）时，是用独立于平台的格式写入的，以便在多个平台上生成文件。

Windows 配置文件的标准扩展名为.ini。只要内容格式正确，"配置文件" VI 也可使用以任何扩展名命名的文件。"配置文件" VI 仅可用于 ANSI 格式的 Windows 配置文件。无法使用"配置文件" VI 创建或修改 OS X 或 Linux 格式的配置文件。

【练习 4-17】

参看图 4-4-7，读懂程序并掌握使用 VI 方式创建配置文件的方法。

• 该VI使用读取键VI从Data段中读取Value键。只要文件保持Windows配置文件格式，则无论如何修改文件，该VI都可正常工作。

图 4-4-7　使用 VI 方式创建配置文件

4.4.6　LabVIEW 的测量文件

.lvm 测量格式是一种基于文本的文件格式，用制表符分隔，适用于一维数据的记录。.lvm 文件包含数据生成日期和时间的头信息，保存数据的精度最高为 6 位。使用 Excel 或文本编辑器就能打开，数据易于解析和读取。.lvm 支持多个数据集、数据集分组及将数据集添加至现有文件。和所有基于文本的格式一样，.lvm 不适用于高性能或大量数据。如遇大量数据应使用二进制文件格式。

1．写入数据至测量文件

【练习 4-18】

参看图 4-4-8，编写程序并掌握写入数据至测量文件的方法。

图 4-4-8　写入数据至测量文件

2．从测量文件中读取数据

【练习 4-19】

参看图 4-4-9，掌握从测量文件中读取数据的方法。

图 4-4-9　从测量文件中读取数据

4.4.7　电子表格文件

电子表格文件以表的行、列形式组织一维或二维数组数据，表格中的每个单元格是一维或二维数组中的一个元素。

1．文本电子表格文件

文本电子表格文件是文本文件的一种。要将数据写入文本电子表格文件，必须将数据格式化为"电子表格字符串"，其中还需要包含制表符或逗号等分隔符。若从文本电子表格文件中读取数据，则得到的数据将是一组文本电子表格字符串，需要将字符串格式化为相应的数据类型。

"文件 I/O"函数和 VI 只支持带分隔符的文本电子表格字符串。

2．二进制电子表格文件

二进制电子表格文件包含二进制数据，而不是文本。二进制电子表格文件格式多样，可以在 LabVIEW 中使用数据插件读取第三方电子表格文件。

在 LabVIEW 中，可使用"写入测量文件"Express VI 将采集到的动态数据保存至 Microsoft Excel 文件（.xlsx）。该 Express VI 使用 Office Open XML 文件创建 Excel 文件，符合 ISO/IEC 29500:2008 国际标准。

3．创建电子表格文件

【练习 4-20】

参看图 4-4-10，编写程序，通过"写入文本文件"函数写入包含字符串型数据和分隔符的头信息，通过"格式化写入文件"函数将时间标识数据、数值数据和分隔符格式化为电子表格字符串，并将电子表格字符串写入文件。掌握不同类型数据写入文本文件的方法。

图 4-4-10　写入文本文件

【练习 4-21】

参看图 4-4-11，编写程序，掌握通过读取图形数据并将数据写入电子表格文件的方法。

- 由于文字处理应用程序采用了"文件 I/O" VI无法处理的字体、颜色、样式和大小不同的格式化文本，因此从文字处理应用程序中读取文本可能会导致错误。
- 若需将数字和文本写入电子表格或文字处理应用程序，则可使用字符串函数和数组函数格式化数据并组合这些字符串，然后将数据写入文件。

图 4-4-11　读取图形数据并将数据写入电子表格文件

4．读取电子表格文件

【练习 4-22】

参看图 4-4-12，编写程序并掌握读取电子表格文件的编程方法。

- 基于从电子表格文件中读取的数据类型，选择"读取带分隔符电子表格" VI相应的多态实例。

图 4-4-12　读取电子表格文件

4.4.8　TDM/TDMS 文件

为减少设计和维护自定义测试数据文件格式的工作量，NI 定义了一种 TDM 数据模型，可用于 LabVIEW、LabWindows™/CVI™、Measurement Studio、Signal Express 和 DIAdem 访问。TDM 数据模型允许用户写入有序的数据，与使用的第三方产品无关。

TDM 数据模型支持下列两种文件格式。

（1）（Windows）TDM：TDM 文件格式将测试硬件采集的原始数据和元数据保存在不同的文件中。元数据可以是测量通道的名称和单位、测试工程师姓名及其他信息。元数据为 XML 格式，扩展名为.tdm。原始数据为紧凑的二进制格式，扩展名为.tdx。

（2）TDM Streaming（TDMS）：TDMS 将二进制格式的原始数据和元数据保存在一个文件中，扩展名为.tdms。

TDMS 文件有 1.0 和 2.0 两个版本。文件格式版本 1.0 提供基本的文件操作功能（如读取或写入 TDMS 文件数据、获取或设置属性等）。文件格式版本 2.0 包括文件格式版本 1.0 的所有功能及下列功能。

（1）允许写入间隔数据至 TDMS 文件。

（2）在 TDMS 文件中写入数据可使用不同的 endian 格式或字节顺序。

（3）写入 TDMS 时无须使用操作系统缓存。

（4）也可以使用 NI-DAQmx 在 TDMS 文件中写入带换算信息的元素数据。

（5）通过连续数据的多个数据块使用单个文件头，文件格式版本 2.0 可优化连续数据采集的写入性能，也可改进单值采集的性能。

（6）文件格式版本 2.0 支持 TDMS 文件异步写入，可使应用程序在写入数据至文件的同时处理内存中的数据，无须等待写入函数结束。

【练习 4-23】

参看图 4-4-13，编写程序并掌握读取 TDMS 数据的方法。

图 4-4-13　读取 TDMS 数据

【练习 4-24】

参看图 4-4-14，编写程序并掌握写入 TDMS 数据的方法。

图 4-4-14　写入 TDMS 数据

4.4.9　文本文件

若磁盘空间、文件 I/O 操作速度和数值精度均不是主要的考虑因素，或无须进行随机读/写，则应该考虑使用文本文件存储数据，方便其他用户和应用程序读取文件。文本文件是最易于使用和共享的文件格式，几乎适用于任何计算机。

1. 创建文本文件

若要将数据写入文本文件，则必须先将数据转换为字符串。使用字符串函数可将数据转换为字符串。

【练习 4-25】

参看图 4-4-15，编写程序，将随机生成的数值数组转换为字符串，并将字符串写入文本文件。

图 4-4-15　创建文本文件

2. 读取文本文件

【练习 4-26】

参看图 4-4-16，编写程序，从文本文件中读取字符或字符串。

图 4-4-16　读取文本文件

3. 写入文本文件

【练习 4-27】

参看图 4-4-17，编写程序，将字符串控件中的文本写入文件输入端指定的文件。在数据写入文本文件后，可读取该文件数据加以验证。

图 4-4-17　写入文本文件

4.4.10 波形

波形包括时间信息和相应的值，如图 4-4-18 所示。采集到数据后，可将波形数据写入电子表格文件、文本文件、数据记录文件或图形/图表。

相对于波形中第一个测量点的时间标识
（以秒为单位）

信号中两个点之间的间隔
（以秒为单位）

波形数据值用于表示波形

图 4-4-18　波形

1. 从文件中读取波形

"从文件读取波形" VI 可以从文件中读取多个波形，会返回一个波形数组。读取一个波形后，可使用获取波形子集函数在指定的时间或索引位置截取波形的子集，或可使用"获取波形属性"函数提取波形属性。

【练习 4-28】

参看图 4-4-19，编写程序，从文件中读取单个波形，返回波形的前 100 个元素，并将波形的子集绘制在波形图上。

图 4-4-19　从文件中读取单个波形

【练习 4-29】

参看图 4-4-20，编写程序，从文件中读取多个波形，索引数组函数读取文件中的第一个和第三个波形，并将它们绘制在两个独立的波形图上。

- 也可使用"存储/数据插件" VI 或"读取测量文件" Express VI 从文件中读取波形。

图 4-4-20　从文件中读取多个波形

2. 写入波形至文件

将波形写入文件可通过"写入波形至文件" VI 和"导出波形至电子表格文件" VI 实现。也可将波形写入电子表格文件、文本文件或数据记录文件。

【练习 4-30】

参看图 4-4-21，编写程序，使用方波波形模拟发生器生成波形并在一个图形上进行显示，然后将这些波形写入电子表格文件。在学习数据采集后，可将波形模拟发生器换成数据采集 VI。

图 4-4-21　写入波形至文件

4.5 处理变体数据

根据前面的知识，不同数据类型的数据一般会与其数据类型匹配的函数或者 VI 联合使用，若想以通用的方式处理不同数据类型的数据，则可以考虑通过为每种数据类型分别编写一个 VI 来实现。但对于有多个副本的 VI，其中某些 VI 发生变动会难以维护。为此，LabVIEW 提供了变体数据作为此类情况的解决方案。

"变体"选板（见图 4-5-1）可用于创建和操作变体数据，可将任何 LabVIEW 数据类型转换为变体数据类型以便在其他 VI 和函数中使用。

图 4-5-1　"变体"选板

变体数据类型用于须保证不受数据类型影响的数据操作，如数据的传输或保存、对未知设备的读/写、对几组不同控件的操作等。数据的变体转换如图 4-5-2 所示。

- 变体数据类型是 LabVIEW 中多种数据类型的容器。
- 将其他类型的数据转换为变体时，变体将存储数据和数据的原始类型，保证日后可将变体数据反向转换。
- 例如，将字符串型数据转换为变体，变体将存储字符串的文本，以及说明该数据是从字符串型数据（而不是路径、字节数组或其他 LabVIEW 数据类型）转换而来的信息。

图 4-5-2　数据的变体转换

提示："平化至字符串"函数也可用于将某种类型数据转换为字符串型数据，从而以独立于数据类型的形式表示该数据。使用 TCP/IP 协议传输数据时，平化数据为字符串将尤为有用，因为该协议只接受字符串。

第 5 章

LabVIEW 程序设计

本章在掌握基本的 LabVIEW 编程技术方法基础上，讲解数据流编程的规范、使用 Express VI 快速编程、在程序中使用属性节点、创建自定义控件、使用项目方式编程、状态机结构、消费者/生产者结构等提高 LabVIEW 程序设计质量的内容。

5.1 程序框图的数据流

在前面的章节中，有些内容或多或少地涉及"数据流"概念。LabVIEW 按照数据流模式运行 VI，数据流是 LabVIEW 区别于其他编程语言的核心技术之一。并且，LabVIEW 是多任务、多线程系统，可同时运行多个执行线程和多个 VI。

当 VI 具备了所有必需的输入时，程序框图的节点开始运行。节点在 VI 运行时产生输出数据并将该数据传送给数据流路径中的下一个节点。数据流经过节点的动作决定了程序框图中 VI 和函数的执行顺序。

LabVIEW 以数据流而不是命令的先后顺序决定程序框图元素的执行顺序，因此可创建并行操作的程序框图。例如，可同时运行两个 For 循环并在前面板中显示其结果。

5.1.1 数据依赖关系

控制流执行模式由指令驱动，而数据流执行模式则由数据驱动，数据流又称为数据依赖。简言之，从其他节点接收数据的节点总是在其他节点执行完毕后再执行。如果数据依赖关系不存在，那么不要想当然地认为程序的执行顺序是从左到右、自顶向下。

提示：没有连线的程序框图节点可以按任意顺序执行。

（1）当自然的数据依赖关系不存在时，可用数据流向参数控制执行顺序。

（2）当数据流向参数不可用时，可用顺序结构控制执行顺序。

【练习 5-1】

参看图 5-1-1，编写程序并理解数据依赖关系。

- "读取二进制文件"函数和"关闭文件"函数之间不存在数据依赖关系，因为二者没有相连。该范例将由于不能确定哪个函数先执行而无法按所期望的顺序执行。如果"关闭文件"函数先运行，那么"读取二进制文件"函数将不被执行。

- "读取二进制文件"函数的输出连接至"关闭文件"函数，二者建立了数据依赖关系。"关闭文件"函数只有在接收到"读取二进制文件"函数的输出后才被执行。

图 5-1-1　数据依赖关系

5.1.2　数据流和内存管理

相较于控制流执行模式，数据流执行模式使内存管理更为简单。在 LabVIEW 中，无须为变量分配内存或为变量赋值，只需创建带有连线的程序框图就可以表示数据的传输。生成数据的 VI 和函数会自动为数据分配内存。当该 VI 或函数不再使用数据时，LabVIEW 将释放相关内存。

由于 LabVIEW 对内存的管理是自动的，因此用户对何时分配或释放内存的控制权较少。当 VI 要处理大量的数据时，用户应具体了解何时发生内存分配。了解相关原则可帮助用户使用更少的内存编写 VI，减少开发过程中的内存占用，从而有助于提高 VI 运行的速度。从某种意义上说，这是 LabVIEW 内存管理的局限性。

5.2　程序框图设计提示

5.2.1　程序框图设计规范

设计程序框图时，请遵循图 5-2-1 所示的规范。

图 5-2-1　设计程序框图应遵循的规范

5	整洁、清晰的连线可改善程序框图的外观。杂乱的连线结构也许并不导致错误，但会使程序框图变得难以阅读和调试，或使VI从表面看来与其实际不符。
6	避免在结构边框下或重叠的对象之间进行连线，因为LabVIEW可能会隐藏这些连线的部分线段。
7	不要将对象重叠在连线上。将接线端或图标放置在连线上方易引起存在连接的错觉，而实际上连接并不存在。
8	标签可对程序框图中的代码进行注释。
9	若需增加分布对象的空间，则可按Ctrl键并将鼠标向要增加空间的方向拖动。若需缩减分布对象的空间，则可按Ctrl+Alt键并将鼠标向要缩减空间的方向拖动。对象在拖动鼠标的同时移动。大致按垂直或水平方向拖动时，操作将对齐到主导方向。
10	程序框图设计和易读性的技巧，还可参考LabVIEW Style Checklist。

图 5-2-1　设计程序框图应遵循的规范（续）

5.2.2　整理程序框图

在程序框图的设计过程中，连线和对象摆放难免会杂乱无章，重新连线、重新排列程序框图可以实现程序框图的整理。

【练习 5-2】

参看图 5-2-2，掌握使用"选项"窗口和快捷键整理程序框图的方法。

- 按下 Ctrl+U 键可实现程序框图的自动整理。
- 选择"编辑"→"整理程序框图"命令也可实现程序框图的自动整理。
- 也可选择特定的整理对象，例如，若干连线或各个节点。若要选择多个对象，则按住Shift键然后单击选择。选择要整理的对象时，"整理程序框图"按钮显示为"整理部分程序框图"。LabVIEW 只整理选中的对象，而不是整个程序框图。若选择整理部分连线，则LabVIEW只重新整理连线，不整理连线上的对象。

图 5-2-2　整理程序框图

5.2.3 复用程序框图代码

LabVIEW 以 .png 图片为载体，实现重复使用代码（包括 VI 里面的部分程序框图）的功能。.png 图片可以显示代码的截图并包含指定的实际代码，从而实现与其他 LabVIEW 用户的代码分享。

【练习 5-3】

参看图 5-2-3，以"加"函数部分代码为例，将其保存为嵌入 LabVIEW 代码的 .png 图片。

图 5-2-3　将"加"函数部分代码保存为嵌入 LabVIEW 代码的 .png 图片

5.3　Express VI

Express VI 是一种较为特殊的 VI，因为它有可以交互式配置的界面对话框，在使用体验上更为便捷。Express VI 在程序框图中以可扩展节点的形式出现，图标的背景色为蓝色。

【练习 5-4】

参看图 5-3-1、图 5-3-2，以"仿真信号" Express VI 为例，掌握配置及运行该 Express VI 的基本方法。

5.3.1　Express VI 的优点

Express VI 的最大优点是可交互配置，为用户提供了创建自定义应用程序的 VI 及 VI 库，即使用户没有较多的编程技巧，也可搭建自定义的应用程序。

图 5-3-1　配置"仿真信号"Express VI

图 5-3-2　运行"仿真信号"Express VI

例如，某信号需要一个数字滤波器，面对含有几十个滤波器的 VI 库，新手并不知道如何选择合适的滤波器，也不知道这些参数具体如何影响信号。"滤波器"Express VI 可以为用户交互式选择一种滤波器、配置滤波器参数，并通过不同方式查看滤波器响应。

Express VI 的另一个优点是功能的独立性。在程序框图中放置 Express VI 时，表示该程序框图中嵌入了 Express VI 的一个实例。在"配置仿真信号［仿真信号］"对话框中选择的设置仅影响 Express VI 的实例。若将一个 Express VI 放置在程序框图中的 5 个不同位置，则将得到 5 个独立的 Express VI，Express VI 的名称各不相同（通过名称后缀区别），均可独立配置。

5.3.2　Express VI 的使用说明与建议

任何事物都具有正反两面，使用 Express VI 也不例外。使用 Express VI 时需要注意以下事项。

（1）Express VI 在运行时不能进行交互式配置。

（2）若需在运行时配置，则需要创建一个类似于配置对话框应用程序的用户界面。

（3）若程序需严格控制内存占用，且执行速度要求较高，则并不推荐使用 Express VI，应使用常规的 VI 编程实现。

5.3.3 基于 Express VI 创建子 VI

若希望保存"写入测量文件"Express VI 的配置，以便在创建其他 VI 的子 VI 时使用，而不是每次重新配置该 Express VI，则右击该 Express VI，打开快捷菜单，选择"打开前面板"选项，再选择"从 Express VI 创建子 VI"选项。

【练习 5-5】

参看图 5-3-3，将"写入测量文件"Express VI 转换为子 VI。

图 5-3-3 将"写入测量文件"Express VI 转换为子 VI

一旦通过 Express VI 创建了一个子 VI，就不能再将该子 VI 转换为原来的 Express VI。

5.3.4 使用动态数据类型

前面介绍过动态数据的概念，动态数据类型包含与信号相关的数据，以及与信号相关的属性信息。绝大多数的 Express VI 能够接收、返回动态数据类型。动态数据类型显示为深蓝色接线端，Express VI 的动态数据类型如图 5-3-4 所示。

动态数据类型可接收、发送图 5-3-5 所示的数据类型。其中，标量数据类型是浮点型或布尔型。将动态数据直接连线至图形、图表或数值显示控件，可以查看动态数据。

图 5-3-4 Express VI 的动态数据类型

图 5-3-5 动态数据类型可接收、发送的数据类型

显示动态数据之前，LabVIEW 会将数据类型转换为显示控件的数据类型，显示动态数据可能会降低 VI 的运行速度。

除了 Express VI，大多数 VI 和函数都不具备接收动态数据的能力。若要使用这些 VI 或函数分析或处理动态数据，则必须手动将动态数据类型转换为 VI 或函数能接收的类型。

【练习 5-6】

参看图 5-3-6，新建一个由仿真信号和"频谱测量"Express VI 构成的程序并运行该 VI，注意观察前面板中两个波形图的 X 轴单位。

图 5-3-6 Express VI 动态数据及其属性

1. 获取和设置动态数据的属性

【练习 5-7】

参看图 5-3-7，编写程序并掌握"获取动态数据属性"Express VI 的配置方法。

2. 转换动态数据

（1）通过"转换至动态数据"Express VI 可以将数值型数据、布尔型数据、波形和数组数据转换为动态数据，使其可以在 Express VI 中使用。

图 5-3-7　"获取动态数据属性" Express VI 的配置方法

（2）通过"从动态数据转换" Express VI 可以将动态数据转换为数值型数据、波形和数组数据，使其可用于其他的 VI 和函数。

（3）将动态数据连接至数组显示控件时，LabVIEW 将把"从动态数据转换" Express VI 自动放置在程序框图中。双击"从动态数据转换" Express VI，打开"配置获取动态数据属性"对话框并控制数据在数组中的显示形式。

【练习 5-8】

参看图 5-3-8，编写程序并掌握"转换至动态数据" Express VI 的配置方法，并尝试掌握"从动态数据转换" Express VI 的配置方法。

图 5-3-8　"转换至动态数据" Express VI 的配置方法

5.4　属性节点

属性节点用于访问对象的属性，前面板的数值输入控件标签是否可见、控件是否禁用、数值文本的字体颜色等都属于对象属性。

在程序框图中，利用属性节点编程可以实现前面板对象对相应行为的响应。例如，当用户在文本框中输入的密码无效时，前面板中事先放置的红色布尔灯会开始闪烁。或者，通过程序控制实现波形图表曲线的颜色变化。这都是典型的属性节点的编程应用。

5.4.1　创建属性节点

LabVIEW 的属性节点功能强大，前面板的控件根据自身特点提供了详尽的属性项。

【练习 5-9】

参考图 5-4-1，以一个数值输入控件为例，为其创建一个禁用属性，防止该控件错误接收输入操作，并理解通过此类编程方式控制前面板控件响应的意义。

图 5-4-1　创建属性节点

在本例中，"属性节点"子菜单中的各个选项为当前数值输入控件可用的全部属性。不同的控件可用的属性会有所不同。

5.4.2 属性节点的使用注意事项

（1）属性节点支持读/写操作，但有些属性只能读不能写，有些属性只能写不能读。属性节点右边的小方向箭头表明当前可读取的属性。属性节点左边的小方向箭头表明当前可写入的属性。右击属性节点，在快捷菜单中选择"转换为读取"或"转换为写入"选项即可实现属性节点的读取或写入操作。

（2）使用定位工具可增加新的接线端（向下拉属性节点图标边框），可以改变属性节点的大小。

（3）节点是按从上到下的顺序执行的。若属性节点执行前有错误发生，则属性节点将不执行，因此有必要经常检查错误发生的可能性。

（4）属性节点只返回第一个错误，通过错误输出可以获得引起错误的属性信息。

5.5 自定义控件

前面板的控件样式和种类是 LabVIEW 自带的，如果要创建与内置控件不同的控件，可考虑创建自定义控件。图 5-5-1 所示为反馈式蒸发冷却器的前面板，其中的风扇控件、水泵控件区别于 LabVIEW 常规的显示控件，视觉效果更显逼真。

图 5-5-1　反馈式蒸发冷却器的前面板

5.5.1 创建自定义控件

与自定义控件类似的还有带有漂亮图案的圆形/异形布尔按钮、逼真的能够控制阀门开启的控件等。

【练习 5-10】

参看图 5-5-2，通过一个布尔按钮创建自定义控件，创建一个按钮未按下和按下时带有不同背景图片的自定义控件，并自行完成按钮按下时带有不同背景图片的自定义控件创建。

图 5-5-2　创建自定义控件

5.5.2 使用自定义控件

【练习 5-11】

继续前面的练习，参看图 5-5-3 将创建的自定义控件放置在前面板中。

图 5-5-3 使用自定义控件

5.5.3 自定义类型和严格自定义类型

自定义类型和严格自定义类型可将所有自定义输入控件或显示控件的实例连接至已保存的自定义输入控件文件或显示控件文件。

若要编辑已保存的自定义输入控件文件或显示控件文件，则可以通过修改所有自定义输入控件或显示控件的实例实现，以便能在后续若干个 VI 中使用相同的自定义输入控件或显示控件。

1. 自定义类型

自定义类型为自定义输入控件或显示控件的每个实例指定了正确的数据类型。若自定义类型的数据类型发生改变，则该自定义类型的所有实例将会自动更新。换言之，在使用了该自定义类型的每个 VI 中，各实例的数据类型都将改变。

由于自定义类型仅规定了数据类型，也就意味着仅有数据类型的值会被更新。例如，数值控件中的数据范围不是数据类型的一部分，因此，数值控件的自定义类型并不定义该自定义类型实例的数据范围。

2. 严格自定义类型

严格自定义类型有别于自定义类型，它将实例在除标签、描述和默认值外的每个方面强制设置为与严格自定义类型相同。这意味着严格自定义类型的数据类型将在任何使用该严格自定义类型的场合下保持不变。严格自定义类型也对其他值进行了定义，如对数值控件及下拉列表控件中控件名称的范围检查。

5.6 创建 VI 和子 VI

如果将本书各章节中的练习题另存为一个 VI，也就获得了一个新建的 VI。除此以外，还可以通过 VI 模板、项目模板和范例来创建 VI、设计应用程序。

5.6.1 范例、VI 模板、项目模板

1. 使用范例查找器创建 VI

范例查找器的基本用法在前面已经介绍过。若能在上千个范例中搜索到可参考的范例，则可将其整合到用户的 VI 中，还可根据应用程序的需要对范例进行修改并另存，也可复制并粘贴一个或多个范例到自行创建的 VI 中。

在 LabVIEW 帮助中，单击部分 VI 和函数参考主题页面下方的"打开范例"按钮和"查找相关范例"按钮，也可访问范例。

2. 使用 LabVIEW VI 模板创建 VI

在"新建"窗口中打开 VI 模板，可以利用内置的简单模板创建 VI。VI 模板中包含"函数"选板中的一些内置 VI 和函数供新建 VI 使用，如生成和显示模板中包含生成信号用的"仿真信号"Express VI 和显示数据用的波形图，以及一个带停止条件的 While 循环结构。

【练习 5-12】

参看图 5-6-1，以新建一个模拟仿真的生成和显示模板为例，基于 VI 模板创建 VI。

图 5-6-1 基于 VI 模板创建 VI

図 5-6-1　基于 VI 模板创建 VI（续）

用户还可以自行创建 VI 模板以用于相似功能的 VI 新建。创建 VI 后，将其保存为模板，即创建了一个自定义的 VI 模板。也可在文件系统中将扩展名.vi 改为.vit，直接将已有 VI 转换为 VI 模板。

3. 使用项目模板和范例创建 VI

项目模板是针对 LabVIEW 项目文件开发而言的，项目模板提供了如状态机、队列消息处理器等模板。LabVIEW 还提供了基于这些模板的应用范例。

【练习 5-13】

参看图 5-6-2，基于范例项目"有限次测量"创建一个项目。"有限次测量"程序可以直接应用在 USB、PCI 等接口的 NI 数据采集卡情况下。

图 5-6-2　基于范例项目创建项目

图 5-6-2　基于范例项目创建项目（续）

4．其他文件

在"新建"窗口中的"新建"选区选择"其他文件"选项，可创建"运行时菜单"、"自定义控件"、"全局变量"和"库"等文件，LabVIEW 可以新建的其他文件种类如图 5-6-3 所示。

图 5-6-3　LabVIEW 可以新建的其他文件种类

5.6.2 创建模块化代码（子VI）

程序框图设计得越复杂，意味着阅读程序的功能变得越困难，维护也会变得困难。若将程序框图中具有重复功能性质的代码及具有典型模块化功能特征的代码建立为子VI，则不仅能优化程序框图的可读性，也能节约程序框图的面积。LabVIEW的子VI相当于文本编程语言中的子程序。

编辑一个子VI，将影响全部调用该子VI的VI，并不仅限于当前的实例。程序框图中相同的子VI节点每次均调用同一个子VI。

创建VI后，必须为其创建连线板并创建图标，以便其可以用作子VI。

1．优化常用操作

VI设计中有些频繁执行的操作，可以考虑创建子VI或利用循环结构来执行。例如，图5-6-4所示的程序框图包含三个完全相同的运算操作。

图5-6-4　子VI优化常用操作

【练习5-14】

参看图5-6-4，编写程序并理解程序中用于替代重复代码的子VI的作用。

2．创建子VI

【练习5-15】

继续上面的练习，参看图5-6-5，为选中的部分程序框图创建子VI。

3．设置连线板

若要将一个VI用作子VI，则必须为其创建连线板。连线板定义了子VI的控件接线端，所以只有配置了连线板的VI才可以在调用该VI的VI中为其连线。每个VI前面板窗口的右上角都有一个连线板，如图5-6-6所示。

连线板接线端的数量建议不超过16个，因为接线端数量太多会导致较难连线。若要传递更多数据，则建议使用簇。

多余的接线端可以保留，当需要为VI添加新的输入端或输出端时再进行连接。

图 5-6-5　为选中的部分程序框图创建子 VI

- LabVIEW 可为新的子 VI 创建输入控件和显示控件，并根据所选控件的数目自动配置连线板，将子 VI 与现有的连线对接。
- 通过选择程序框图的局部来创建子 VI 方便快捷，但需要仔细规划，从而使 VI 层次结构具有逻辑性。考虑应选中哪些对象，避免改变原有 VI 或新建 VI 的功能。

- 连线板集合了 VI 的各个接线端，与 VI 中的控件相互呼应，类似文本编程语言中函数调用的参数列表。
- 连线板标明了可与该 VI 连接的输入端和输出端，以便将该 VI 作为子 VI 调用。连线板在其输入端接收数据，然后通过前面板控件将数据传输至程序框图的代码中，从前面板的显示控件中接收运算结果并传递至其输出端。
- 连线板上的每个方格都代表一个接线端。选定一种连线板模式后，将这些方格与前面板的输入控件和显示控件建立关联。

图 5-6-6　连线板

4．将子 VI 和 Express VI 显示为图标或可扩展节点

VI 和 Express VI 可显示为图标或可扩展节点，可扩展节点通常显示为被彩色背景包围的图标。

【练习 5-16】

参看图 5-6-7，以基本函数发生器 VI 和"写入测量文件"Express VI 为例，熟悉子 VI、Express VI 显示方式的设置方法。

图 5-6-7　子 VI、Express VI 的显示方式设置

【练习 5-17】

参看图 5-6-8，以"写入测量文件"Express VI 为例，学会调整 Express VI、子 VI 的接线端。

图 5-6-8　调整 Express VI、子 VI 的接线端

5. 设计子 VI 的前面板

若只是使用子 VI 的运算功能，而不查看子 VI 的前面板，则无须花费精力在前面板的外观设计（如颜色、字体、布局）上。但是，前面板对象的排列仍很重要，因为在调试 VI 时可能需要查看前面板对象。

【练习 5-18】

参看图 5-6-9，以基本函数发生器 VI 为例，掌握设计子 VI 的前面板的基本原则。

图 5-6-9　设计子 VI 的前面板

默认当调用子 VI 时，VI 运行时子 VI 不会显示自身前面板。但通过设置"子 VI 节点设置"对话框或"自定义窗口外观"对话框，可以实现 VI 运行时仍显示子 VI 前面板的功能。该操作适合于某些需要查看程序运行细节的应用需求。

【练习 5-19】

参看图 5-6-10，以练习 5-15 创建的子 VI 为例，通过设置"子 VI 节点设置"对话框及"自定义窗口外观"对话框的方法，实现调用子 VI 时显示子 VI 前面板的功能。

（a）调用子 VI 时显示子 VI 前面板的方法 1

图 5-6-10　调用子 VI 时显示子 VI 前面板的方法

（b）调用子 VI 时显示子 VI 前面板的方法 2

图 5-6-10　调用子 VI 时显示子 VI 前面板的方法（续）

6．查看 VI 的层次结构

"VI 层次结构"窗口以图形化的方式显示所有打开的 LabVIEW 项目和终端，以及内存中所有 VI 的调用结构。"VI 层次结构"窗口的工具栏包括 12 个部分，如图 5-6-11 所示。

项目和终端	静态和动态子VI调用	自定义类型	全局变量	共享变量
LabVIEW类	XControl	状态图	项目库(.lvlib)	Express VI
静态VI引用	（MathScript RT模块）MathScript节点引用的. m文件			

图 5-6-11　"VI 层次结构"窗口的工具栏

【练习 5-20】

参看图 5-6-12，打开练习 5-15 中的 VI，掌握"VI 层次结构"窗口的基本操作。

7．递归 VI

递归 VI 可从其程序框图（包括其子 VI 的程序框图）中自调用。若要在输出上进行若干次相同的操作，则可使用递归 VI；可将任何 VI 设置为递归 VI，也可在一个 VI 层次结构中使用多个递归 VI。

图 5-6-12 "VI 层次结构"窗口的基本操作

若要在一个 VI 层次结构中使用递归 VI，则可按下列方法配置层次结构中的所有 VI。

（1）将 VI 层次结构中的所有 VI 配置为重入 VI，至少有一个 VI 可在多次调用中共享副本。

（2）将 VI 层次结构中的所有 VI 配置为动态分配成员 VI。

（3）将 VI 层次结构中的至少一个 VI 配置为动态分配成员 VI 或重入 VI，且在多次调用间共享副本。将其他 VI 配置为重入 VI，每次调用前预分配副本。

（4）在 32 位平台上，LabVIEW 允许 15000 次递归调用；在 64 位平台上，LabVIEW 允许 35000 次递归调用。

【练习 5-21】

参看图 5-6-13，掌握设置 VI 重入执行的方法。

图 5-6-13 设置 VI 重入执行

8. 多态 VI

与前面介绍的多态函数相似，多态 VI 也可适用于不同的数据类型。多态 VI 是具有相同模式连线板的子 VI 的集合。集合中的每个 VI 都是多态 VI 的一个实例，每个实例都有至少一个输入或输出接线端的数据类型与其他实例不同。

【练习 5-22】

参看图 5-6-14，理解多态 VI 的概念并掌握设置多态 VI 实例的方法。

图 5-6-14　设置多态 VI 实例

5.6.3　使用图标

图标是 VI 或项目库的图形化表示。每个 VI 在前面板和程序框图的右上角都有一个图标。图标显示可以包含文本或图像。

若将一个 VI 当作子 VI 使用，则程序框图中将显示代表该子 VI 的图标；若将 VI 添加至选板，则 VI 图标也将出现在选板中。

【练习 5-23】

参看图 5-6-15，熟练找到 VI 图标的位置，并掌握设置图标数字显示的方法。

图 5-6-15　图标及图标数字显示

【练习 5-24】

参看图 5-6-16，掌握打开"图标编辑器"对话框的方法。

图 5-6-16　"图标编辑器"对话框

自定义控件的图标与 VI 图标类似。每个自定义控件都有一个图标，在控件编辑器窗口的右上角，如图 5-6-17 所示。双击控件编辑器窗口右上角的图标，打开"图标编辑器"对话框，即可编辑自定义控件的图标，具体方法可参照图 5-6-16 所示的操作。

图 5-6-17　自定义控件的图标

项目库的图标与 VI 和自定义控件的图标不同。LabVIEW 将为项目库中所有对象使用库图标。建议为库图标创建特定标识，如可为库图标创建 **MYLIB** 标识。

1．创建图标

创建图标的过程主要是通过"图标编辑器"对话框完成的，也可通过从文件系统中拖放一个图片或通过 VI 类的 VI 图标方法完成。

1）通过"图标编辑器"对话框创建 VI 图标

"图标编辑器"对话框中的图标创建流程可以看成由图 5-6-18 所示的 6 个可用工序构成。这 6 个工序可以按顺序进行，也可以独立进行某一项。

图5-6-18　"图标编辑器"对话框创建图标的流程

【练习5-25】

参看图5-6-19，掌握"图标编辑器"对话框的基本使用方法，并创建 VI 图标。

图5-6-19　使用"图标编辑器"对话框创建 VI 图标

2）拖放图片创建 VI 图标

【练习5-26】

参看图5-6-20，掌握拖放图片创建 VI 图标的操作方法。

图5-6-20　拖放图片创建 VI 图标

2．保存图标

LabVIEW 将图标及图层信息与 VI 或库一起保存，通过"图标编辑器"对话框将图标保存为256色（8位）和单色（1位）格式。利用"图标编辑器"对话框创建的图标保存为模板或符号，可供后续直接使用。

【练习5-27】

参看图5-6-21，将在练习5-26中创建的 VI 图标保存为模板并尝试保存为符号。

图 5-6-21　保存 VI 图标为模板

3．使用符号

在前面的练习题中，创建图标的过程使用了图标。"图标编辑器"对话框的"符号"选项卡显示\LabVIEW Data\Glyphs 目录下的所有.png、.bmp 和.jpg 文件。可将创建的符号保存至该目录，符号就可显示在"图标编辑器"对话框的"符号"选项卡中。在默认情况下，"符号"选项卡中包含 ni.com 图标库的所有符号。

【练习 5-28】

参考图 5-6-22，设置同步 ni.com 图标库。

图 5-6-22　设置同步 ni.com 图标库

【练习 5-29】

参考图 5-6-23，掌握从文件导入符号的方法。

图 5-6-23　从文件导入符号

4．使用图标模板

"图标编辑器"对话框的"模板"选项卡中会显示\LabVIEW Data\Icon Templates 目录下的所有.png、.bmp 和.jpg 文件。将图标模板保存至该目录，图标模板就能够在"图标编辑器"对话框的"模板"选项卡中显示。

LabVIEW Data\Icon Templates\VI 目录下的模板可用于 VI 和自定义控件的图标。

LabVIEW Data\Icon Templates\Library 目录下的模板可用于项目库、类和 XControl 的图标。

5.6.4　保存 VI

选择"文件"→"保存"命令，即可保存当前 VI。可以独立保存单个 VI，也可将多个 VI 一起保存在 LLB 中。LLB 只是一个容器，LLB 文件的扩展名为.llb。

1．将 VI 作为单个文件保存的优点

将 VI 作为单个文件保存的优点如图 5-6-24 所示。

图 5-6-24　将 VI 作为单个文件保存的优点

2．将 VI 保存在 LLB 中的优点

将 VI 保存在 LLB 中的优点如图 5-6-25 所示。

图 5-6-25　将 VI 保存在 LLB 中的优点

LabVIEW 将许多内置 VI 和范例都保存在 LLB 中，以确保在所有平台上的存储位置一致。

若要使用 LLB，则最好将应用程序分为多个 LLB。将顶层 VI 保存在一个 LLB 中，并根据功能将其他 VI 保存到不同的 LLB 中。保存在 LLB 中某个 VI 的修改时间要比保存单个 VI 的修改时间长，因为操作系统必须将修改写入一个更大的文件中。

3．管理 LLB 中的 VI

"LLB 管理器"窗口用于管理 LLB 中的 VI。使用该工具可以创建新的 LLB 和目录，并将 LLB 转换为目录，或将目录转换为 LLB。图 5-6-26 所示为"LLB 管理器"窗口的界面分解。

图 5-6-26　"LLB 管理器"窗口的界面分解

如果需要使用源代码控制工具管理 VI，那么创建新的 LLB 和目录，以及将 LLB 与目录相互转换是相当重要的。

在使用 LLB 管理器之前，应关闭所有可能被影响到的 VI 以避免对内存中的 VI 执行某项文件操作。

【练习 5-30】

参看图 5-6-27，打开\Program Files (x86)\National Instruments\LabVIEW 2023\vi.lib\sound\lvsound.llb，掌握将该 LLB 转换为目录的基本操作。

图 5-6-27　将 LLB 转换为目录

4．命名 VI

保存 VI 时，应使用描述性的名称。描述性的名称便于用户识别 VI 并了解该如何使用 VI，如 Temperature Monitor.vi 和 Serial Write & Read.vi。含义模糊的文件名会造成文件混淆。对于保存了多个 VI 的情况，将会出现难以识别的问题，如 VI_1.vi。

命名时同时要考虑用户是否可能在其他平台上使用该 VI，因此不要使用一些平台上具有特殊用途的符号，如\ : / ? * < > # 。

5．保存为前期版本

VI、LabVIEW 项目可以保存为 LabVIEW 的前期版本，便于日后升级 LabVIEW，以及必要时在之前的 LabVIEW 版本中维护这些 VI。

【练习 5-31】

参看图 5-6-28，将 VI 保存为前期版本。

图 5-6-28　将 VI 保存为前期版本

6．用于恢复的自动保存

若发生非正常关闭或系统故障等情况，则 LabVIEW 将把所有已修改且在关闭或故障时处于打开状态的 VI（.vi）、VI 模板（.vit）、控件（.ctl）、控件模板（.ctt）、项目（.lvproj）、项目库（.lvlib）、XControl（.xctl）或 LabVIEW 类（.lvclass）备份至一个临时地址。

【练习 5-32】

参看图 5-6-29，掌握启用或禁用用于恢复的自动保存功能的方法。

- 若启用了自动保存功能，则LabVIEW将在运行VI前先备份文件。
- LabVIEW将备份文件保存在默认数据目录下的LVAutoSave子目录中。不要手动打开或修改 LVAutoSave目录下的文件。
- 若LabVIEW在非正常关闭或系统故障前保存了文件，则下次启动LabVIEW时将出现选择并恢复文件窗口。
- 选择要恢复的文件，并单击"恢复"按钮。若不想恢复任何文件，则可取消选择所有文件，并单击"放弃"按钮。若单击"取消"按钮，则所有选中的文件将被移至默认数据目录下的 LVAutoSave\archives子目录中。若不再需要备份文件，则可删除该子目录下的内容。

图 5-6-29 启用或禁用用于恢复的自动保存功能

5.6.5 自定义 VI

根据应用程序的要求还可对 VI 和子 VI 进行必要的配置。

例如，若需将一个 VI 作为子 VI 使用，且该子 VI 要求用户输入，则可将该子 VI 设置为每次调用时都显示前面板。可以用多种方式对 VI 进行配置，可以在 VI 内部进行配置，也可以使用 VI 服务器通过编程方式进行配置。

1. 设置 VI 的外观和动作

【练习 5-33】

参看图 5-6-30，打开范例查找器中的 Express VI——频谱测量.vi，通过设置"VI 属性"对话框中的"窗口外观"参数，了解设置 VI 外观和动作的基本思路，并体会设置 VI 外观和动作的意义。

图 5-6-30 设置 VI 外观和动作

2. 自定义菜单

若 VI 具有应用程序的用途，则可以为其设置显示或隐藏菜单栏，并创建自定义菜单。需要注意的是，自定义菜单只在 VI 运行时出现。

【练习 5-34】

继续上面的练习，参看图 5-6-31，设置 VI 运行时隐藏菜单栏。

图 5-6-31　VI 运行时隐藏菜单栏

在编辑 VI 或运行 VI 时，可以通过编程静态创建自定义菜单或修改 LabVIEW 默认菜单。若需在 VI 上添加自定义菜单而不使用默认菜单，则可通过设置"运行时菜单"实现。

"菜单编辑器"对话框和"快捷菜单编辑器"对话框可用于创建自定义菜单，创建的菜单既可以包括 LabVIEW 在默认菜单中提供的应用程序菜单选项，也可以包括用户自己添加的菜单选项。

【练习 5-35】

选择"编辑"→"运行时菜单"命令，打开"菜单编辑器"对话框，并参看图 5-6-32，掌握创建自定义菜单的基本方法。

图 5-6-32　创建自定义菜单

【练习 5-36】

参看图 5-6-33，掌握 VI 运行时的输入控件快捷菜单的基本创建方法。

图 5-6-33　创建 VI 运行时的输入控件快捷菜单

提示：自定义运行时，快捷菜单只在 VI 运行时出现。

5.7　运行和调试 VI

为了保证 VI 能够运行，必须为 VI 以及所有子 VI、函数和结构的接线端连接正确的数据类型。并且，VI 运行后有可能出现生成的数据与运行方式和预期不同的情况，因此需要配置 VI 的运行方式，进而找出程序框图组织过程中或流经程序框图的数据中存在的问题，这个过程就是 VI 的运行与调试。

5.7.1　运行 VI

运行 VI 的目的是能够达到编程所预期的功能。单击工具栏中的运行按钮或连续运行按钮或程序框图工具栏中的单步步入按钮（见图 5-7-1），VI 开始运行。VI 运行时，运行按钮变为黑色实心箭头，表明该 VI 正在运行。

运行按钮	连续运行按钮	终止按钮	暂停按钮	高亮执行	保存连线值	单步步入	单步步过	单步步出

图 5-7-1　LabVIEW 工具栏

【练习 5-37】

参看图 5-7-2，掌握运行 VI 的方法。

图 5-7-2　运行 VI 的几个相关按钮

单击终止按钮，VI 在完成当前循环前立即停止运行。

提示：若终止执行一个使用了外部资源（如外部硬件）的 VI，则可能会导致未复位或释放这些资源，造成这些资源处于未知状态。为了避免这种情况的发生，应当为 VI 设计一个停止按钮。

1．配置 VI 的运行方式

某些场合需对 VI 的运行方式做预先的设定，如将 VI 打开时立即运行、作为子 VI 被调用时暂停运行，也可配置 VI 以不同的优先级运行。

若不希望 VI 立即运行且不希望用户可以随意编辑 VI，则可将 VI 切换到运行模式。

【练习 5-38】

参看图 5-7-3，掌握配置 VI 运行的优先级的方法。

图 5-7-3　配置 VI 运行的优先级

【练习 5-39】

参看图 5-7-4，掌握切换至运行模式的方法。

- 在运行模式下，所有前面板对象的快捷菜单选项都会有所删减。
- 用户只可使用前面板控件、运行和停止 VI 的工具栏按钮，以及菜单栏。
- 若返回至编辑模式，则可选择"操作"→"切换至编辑模式"命令。

图 5-7-4　切换至运行模式

2．纠正断开的 VI

VI 无法运行时，表示该 VI 存在断线或不可执行。

1）查找 VI 断开的原因

VI 在运行前必须排除所有错误。"警告"仅用于提示用户避免 VI 中可能发生的问题，并不会妨碍 VI 运行。"错误"信息则会使 VI 断开。

【练习 5-40】

参看图 5-7-5，掌握查找 VI 断开原因的方法。

- "错误列表"窗口列出了所有的错误。
- "错误项"选区列出了内存中所有含有错误项的名称，例如VI和项目库。
- 单击"帮助"按钮，可显示LabVIEW帮助中对错误的详细描述和纠正错误的步骤。
- 如果VI中含有警告且"错误列表"窗口中的"显示警告"复选框被勾选，那么工具栏将包含"警告"按钮。

图 5-7-5　查找 VI 断开的原因

📖 【练习 5-41】

参看图 5-7-6，设置始终在错误列表中显示警告。

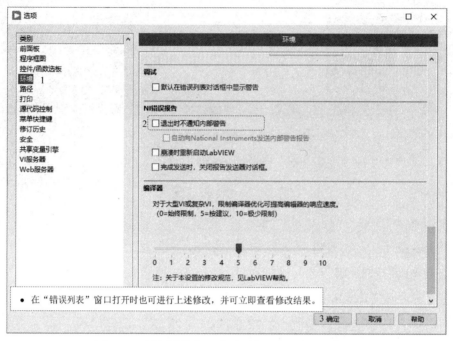

图 5-7-6 设置始终在"错误列表"窗口中显示警告

2）VI 断开的常见原因

表 5-7-1 列出了 VI 断开的常见原因。

表 5-7-1 VI 断开的常见原因

VI 断开的原因	举　例
数据类型不匹配，有未连接的接线端	已连接两个不同类型的接线端 数据源的类型是字符串 数据接收端的类型是双精度[64位实数（~15位精度）]
必须连接的程序框图接线端没有连线	连线：连线中有松散终端
子 VI 处于断开状态或在程序框图中放置子 VI 图标后编辑了该子 VI 的连线板	

3. 设置 VI 修订历史

使用"VI 属性"对话框和"历史"窗口，可以显示 VI 的开发记录和修订号。修订号是跟踪 VI 改动的一种简便方式，修订号从 1 开始并在每次保存 VI 时递增。

【练习 5-42】

参看图 5-7-7，掌握设置 VI 修订历史的方法。

图 5-7-7　设置 VI 修订历史

【练习 5-43】

参看图 5-7-8，掌握在标题栏和"历史"窗口标题栏中设置显示 VI 修订号的方法。

图 5-7-8　设置显示 VI 修订号

5.7.2 调试 VI

1. VI 调试技巧

当 VI 在不存在断线的情况下运行获得了非预期的数据时，通过调试有可能发现并纠正 VI 或程序框图中的问题。若无法使用下列方法调试 VI，则 VI 可能产生了"竞争状态"。

1）错误簇

大多数内置 VI 和函数有错误输入和错误输出的接线端。利用错误簇提供的信息能显示是否有错误产生及产生错误的位置，也可将错误簇提供的信息用于用户创建的 VI。当连接 VI 和函数的错误参数时，错误输入簇和错误输出簇提供下列信息。错误簇如图 5-7-9 所示。

图 5-7-9　错误簇

2）警告

警告信息不会终止 VI 运行，但可能会引起非预期操作。建议在调试 VI 时显示警告信息。例如，VI 产生一个警告，可使用"错误列表"窗口确定警告产生的原因并做相应的修改。

3）高亮显示执行过程

在高亮显示执行过程时，可以查看程序框图的动态执行过程，通过沿连线移动的圆点显示数据在程序框图中从一个节点移动到另一个节点的过程。结合单步执行调试，可以查看 VI 中的数据从一个节点移动到另一个节点的全过程。

【练习 5-44】

参看图 5-7-10，以一个"基本函数发生器和提取单频信息"VI 为例，掌握调试 VI 时高亮显示执行过程的方法。

图 5-7-10   调试 VI 时高亮显示执行过程

4）单步执行

单步执行 VI 时可以查看 VI 运行时程序框图中的每个执行步骤。"单步步入"按钮仅在单步执行模式下影响 VI 或子 VI 的运行。

【练习 5-45】

参看图 5-7-11，以"多比率计算"VI 为例，掌握使用单步执行调试 VI 的基本方法。

- 将鼠标移动到"单步步入"、"单步步过"或"单步步出"按钮时，可看到一个提示框，该提示框描述了单击该按钮后的下一步执行情况。
- 单步执行一个VI时，该VI的各个子VI既可单步执行，也可正常运行。
- 在单步执行VI时，如某些节点发生闪烁，表示这些节点已准备就绪，可以执行。
- 若单步执行VI同时高亮显示执行过程，则执行符号将出现在当前运行的子VI的图标上。

图 5-7-11   使用单步执行调试 VI

5）探针工具

探针工具用于检查 VI 运行时连线上的值。若程序框图较复杂且包含一系列每步执行都可能返回错误值的操作，则推荐使用探针工具。

利用探针并结合高亮显示执行过程、单步执行和断点，可确认数据是否有误并找出错误数据。若存在流经数据，则在高亮显示执行过程、单步执行或在断点位置暂停时，探针监视窗口会立即更新和显示数据。

VI 运行时，可通过使用多种类型的探针查看连线上的值。探针的类型如图 5-7-12 所示。通用探针可查看流经连线的数据，也可显示数据，但无法通过配置通用探针达到对数据做出响应的目的。

图 5-7-12　探针的类型

【练习 5-46】

参看图 5-7-13，以"基本函数发生器和提取单频信息"VI 为例，掌握使用通用探针的方法。

图 5-7-13　使用通用探针

使用显示控件也可以查看流经连线的数据。查看数值数据时，可以在探针中使用一张图表。

【练习 5-47】

参看图 5-7-14，以"基本函数发生器和提取单频信息"VI 为例，通过探针工具中的显示控件创建一个查看调试结果用的数值显示控件（尽管 VI 中已经为侦测到的幅值接线端创建了一个显示控件，但调试 VI 时本着尽量不改变原 VI 界面的原则，仍需创建显示控件）。

图 5-7-14　探针工具——显示控件

内置探针是显示连线中传输数据的综合信息的 VI，如 VI 引用句柄探针可返回 VI 名称、VI 路径和引用的十六进制数值等信息。

内置探针可根据流经连线的数据做出响应。例如，错误簇中的错误探针可接收状态、代码、错误源和错误描述，并指定在出错或报警时是否需要设置一个条件断点。内置探针位于自定义探针快捷菜单的最上方。

【练习 5-48】

参看图 5-7-15，掌握使用内置探针的基本方法。

图 5-7-15　使用内置探针

断点工具可在程序框图中的 VI、节点或连线上放置一个断点，程序运行到该处时将暂停执行。

【练习 5-49】

继续使用练习 5-48 中的 VI，参看图 5-7-16 所示的步骤，掌握使用断点的基本方法，并学会使用断点管理器。

图 5-7-16　使用断点

程序执行到一个断点时，VI 将暂停执行，同时"暂停"按钮显示为红色，VI 的背景和边框开始闪烁，此时可进行下列操作。

（1）用"单步步入"按钮单步执行程序。

（2）查看连线上在 VI 运行前事先放置的探针的实时值。

（3）若启用了"保存连线值"功能，则可在 VI 运行结束后，查看连线上探针的实时值。

（4）改变前面板控件的值。

（5）检查"调用列表"下拉列表，查看停止在断点处调用该 VI 的 VI 列表。

（6）单击"暂停"按钮可继续运行到下一个断点处或直到 VI 运行结束。

6）执行挂起

中断子 VI 的执行多发生于需编辑输入控件和显示控件的值、控制子 VI 在返回调用程序之前运行的次数，以及返回到子 VI 执行起点的情况。执行挂起既可以挂起子 VI 的所有调用，也可挂起子 VI 的某个特定调用。

【练习 5-50】

参看图 5-7-17，以范例查找器中的"FFT 和功率谱单位"VI 为例，掌握设置子 VI 调用时挂起的基本方法。

图 5-7-17 设置子 VI 调用时挂起

【练习 5-51】

继续练习，参看图 5-7-18，掌握设置中断子 VI 的一个特定调用的方法。

图 5-7-18 设置中断子 VI 的一个特定调用

【练习 5-52】

打开 SINAD 测量.vi，参看图 5-7-19 所示的步骤，掌握利用"VI 层次结构"窗口判断是否有 VI 被暂停或中断的方法。

图 5-7-19 在"VI 层次结构"窗口中找到带有中断标记的子 VI

7）调试部分程序框图

VI 可在程序框图的某些部分被禁用的情况下继续运行，禁用部分程序框图类似于文本编程语言中对代码添加注释。

（1）禁用部分程序框图可确定在没有该部分程序代码的情况下 VI 执行是否更佳。

（2）调试部分代码可隔离产生问题的原因，便于更快找到问题并解决问题。若要调试部分代码，则可将要调试的代码放置在条件禁用结构中。

【练习 5-53】

参看图 5-7-20，掌握设置禁用程序框图的基本方法。

图 5-7-20　设置禁用程序框图

8）验证对象的行为

除了使用调试工具，还可以使用下列方法检查 VI 和程序框图的数据流。

（1）检查控件的数据表示法，查看是否出现数据溢出情况。例如，当将浮点数转换为整型数或将整型数转换为更小的整型数时，可能会发生数据溢出情况。

（2）确定某个函数或子 VI 传递的数据是否为未定义，通常发生在数值型数据中。例如，在 VI 中的某个点上，可能会出现一个数除以零的运算，返回的结果是无穷大，但其后的函数或子 VI 需数值输入。

（3）确定是否有 For 循环无意中执行了零次循环，因而产生了空数组。

（4）确认移位寄存器已经初始化赋值，除非只把移位寄存器用于保存上一次循环执行的数据，并将数据传递至下一次循环。

（5）在源和目标点的位置检查簇元素的顺序。LabVIEW 在编辑时能检查到数据类型和簇大小不匹配，但是并不检查同种类型元素是否匹配。

（6）检查并确认 VI 不包含隐藏子 VI。如果将一个节点置于另一个节点之上或缩小结构使子 VI 不在视线范围之内，那么会导致无意中隐藏了子 VI。检查 VI 使用的子 VI，将选择"查看"→"浏览关系"→"本 VI 的子 VI"命令的结果和选择"查看"→"浏览关系"→"未打开的子 VI"命令的结果进行比较，从而确定是否存在子 VI。

（7）选择"查看"→"VI 层次结构"命令，查找未连线的子 VI。与未连线的函数不同，除非将输入设置为必需，否则未连线 VI 不一定会产生错误。如果将未连线的子 VI 误置于程序框图中，那么在程序框图执行时，子 VI 也同时执行。所以，VI 可能进行了多余的操作。

（8）使用"即时帮助"窗口检查程序框图中各个函数和子 VI 的默认值。若存在推荐和可选的输入端没有连线的情况，则 VI 和函数只传递默认值。例如，未连线的布尔输入端为 TRUE。

2．避免未定义数据

不要依赖特殊值（如 NaN、Inf）或空数组来判定一个 VI 是否产生未定义数据。可以在 VI 可能生成未定义数据的情况下，通过 VI 报告错误来确定该 VI 是否生成了已定义的数据。

3．错误处理

即使是非常可靠的 VI，也有产生错误的可能。若在编程的过程中没有建立错误检查机制，则仅能确定 VI 不能正常工作，无法知道不能正常工作的原因。引入错误检查方式能判定 VI 中错误发生的原因及错误出现的位置。

1）自动错误处理

在默认状态下，LabVIEW 通过挂起执行、高亮显示出错的子 VI 或函数并显示"错误"对话框等形式自动处理遇到的每个错误。

2）禁用自动错误处理功能

若需使用其他错误处理方法，则可以选择禁用自动错误处理功能的方式。

例如，若程序框图中的 I/O VI 已超时，则用户可能需要该 VI 继续等待指定的时间，而不是通过自动错误处理功能终止应用并显示"错误"对话框。遇到此类情况，可在 VI 的程序框图中使用自定义错误处理功能。

【练习 5-54】

参看图 5-7-21，掌握禁用不同类型 VI 的自动错误处理功能的基本方法。

（a）当前的 VI 需要禁用自动错误处理功能

图 5-7-21　禁用不同类型 VI 的自动错误处理功能的基本方法

（b）新建空白 VI 需要禁用自动错误处理功能

（c）VI 内部的子 VI 或函数需要禁用自动错误处理功能

图 5-7-21　禁用不同类型 VI 的自动错误处理功能的基本方法（续）

3）其他错误处理方法

LabVIEW 中的错误处理同样遵循数据流模式，与数据在 VI 中的数据流类似，错误信息从 VI 的起点一直连接到终点。

（1）错误处理 VI 与一个 VI 连接后可确定该 VI 的运行是否未出错。

（2）错误输入簇和错误输出簇用于在 VI 中传递错误信息。错误簇提供相同的标准错误输入和标准错误输出功能。错误簇为数据流向参数。

【练习 5-55】

参看图 5-7-22，编写图中程序，并理解错误簇的工作机制。

图 5-7-22　错误簇的工作机制

右侧框内文字：
- VI 运行时，LabVIEW 会在每个执行节点处检测错误。若 LabVIEW 没有发现任何错误，则该节点将正常执行。若 LabVIEW 检测到错误，则该节点会将错误传递至下一个节点且不执行那一部代码。后面的节点也照此处理，直到最后一个节点。执行流结束时，LabVIEW 报告错误。
- 一些支持布尔型数据的 VI、函数和结构也可识别错误簇。例如，可将错误簇连接至布尔函数，或"选择"函数、"退出 LabVIEW"函数、"停止"函数的布尔输入端，通过逻辑运算处理错误。

图中标注文字：
- 错误簇中的 3 元素
- 布尔值，产生错误时布尔值为 TRUE。
- 标识错误的 32 位有符号整数。一个非零错误代码和 FALSE 状态相结合可表示警告但不是错误。
- 标识错误发生位置的字符串。

5.8　使用项目和终端

LabVIEW 项目用于组合 LabVIEW 文件和非 LabVIEW 特有的文件，部署或下载文件至终端、创建程序生成规范，以及管理大型应用程序。

创建和保存项目时，LabVIEW 将创建一个项目文件（.lvproj），其中包括项目文件引用、配置信息、部署信息、程序生成信息等。

提示：必须通过项目创建独立的应用程序和共享库；必须通过项目使用 Windows 嵌入式标准、RT、FPGA 或 Touch Panel 终端。

5.8.1　在 LabVIEW 中管理项目

LabVIEW 的项目包括 VI、保证 VI 运行所必需的文件，以及其他支持文件，如文档或相关链接。LabVIEW 项目由"项目浏览器"窗口管理。在"项目浏览器"窗口中，可使用文件夹和库组合各个项，还可使用列出 VI 层次结构的依赖关系跟踪 VI 依赖的项。

【练习 5-56】

参看图 5-8-1，掌握使用 LabVIEW"项目浏览器"窗口的基本方法。

- 在"文件"选项卡中可对文件名和目录进行管理。在"文件"选项卡中对项目进行的操作将影响并更新磁盘上对应的文件。右击终端下的某个文件夹或项并从快捷菜单中选择"在项视图中显示"或"在文件视图中显示"选项，可在这两个页之间进行切换。

（a）使用 LabVIEW"项目浏览器"窗口的基本方法

图 5-8-1　使用 LabVIEW"项目浏览器"窗口

（b）程序生成规范可独立进行的操作

图 5-8-1　使用 LabVIEW "项目浏览器"窗口（续）

【练习 5-57】

参看图 5-8-2，隐藏"项目浏览器"窗口中的依赖关系项。

图 5-8-2　隐藏"项目浏览器"窗口中的依赖关系项

【练习 5-58】

参看图 5-8-3，掌握在"项目浏览器"窗口中添加终端的方法。

图 5-8-3　在"项目浏览器"窗口中添加终端

【练习 5-59】

参看图 5-8-4，掌握在"项目浏览器"窗口中拖放 VI 的方法，使其成为其他 VI 程序框图中的子 VI。

图 5-8-4　在"项目浏览器"窗口中拖放 VI

合理地管理位于"项目浏览器"窗口中的各个项有助于高效地管理 LabVIEW 项目，图 5-8-5 列出了"项目浏览器"窗口中各个项的说明。

图 5-8-5　"项目浏览器"窗口中各个项的说明

【练习 5-60】

以前面创建的"连续测量和记录"项目为例，参看图 5-8-6 所示的步骤，掌握为项目项排序的方法。

图 5-8-6　为项目项排序

打开项目时，LabVIEW 在磁盘上搜索项目项的位置并更新"项目"目录树，随即加载项目库（.lvlib）、打包库（.lvlibp）、类库（.lvclass）、XControl 库（.xctl）、状态图库（.lvsc）至内存（包括依赖关系中的库）中。

1. 项目中的文件夹

用户可以为 LabVIEW 添加两种类型的文件夹：虚拟文件夹和自动更新文件夹，通过虚拟文件对项目项进行管理。

银灰色的文件夹符号表示虚拟文件夹，是项目中用于组织项目项的文件夹，在磁盘中并不实际存在。

【练习 5-61】

参看图 5-8-7 所示的步骤，掌握创建虚拟文件夹、虚拟文件夹转换为自动更新文件及自动更新文件夹停止自动更新的方法。

2. LabVIEW 项目中的库

LabVIEW 项目库包含各种 VI、类型定义、共享变量、选板文件及其他文件，如项目库。创建并保存新项目库时，LabVIEW 会创建一个项目库文件（.lvlib），其中包括项目库属性和对项目库所包括的文件的引用等。

图 5-8-7　使用虚拟文件夹

【练习 5-62】

以练习 5-61 中的项目为例，参看图 5-8-8 所示的步骤，理解项目库文件的概念。

图 5-8-8　项目库文件

3．在项目库中生成打包库

LabVIEW 打包库是指将多个文件打包到一个文件中的项目库，文件扩展名为.lvlibp。打包库的顶层文件是一个项目库。在默认情况下，打包库的名称与顶层项目库相同。符合下列情况时，应该在 LabVIEW 项目库中生成打包库。

（1）生成独立应用程序时，若部分独立应用程序以打包库形式存在，则可大幅减少生成程序的时间。因为打包库为预编译文件，生成独立应用程序时无须重新编译，节省了生成时间。

（2）打包库将多个文件打包到一个文件中，所以部署打包库中的 VI 时需部署的文件更少。

（3）当调用了打包库导出 VI 时，该 VI 可根据内存分配改动而调整，用户无须重新编译调用方的 VI。

【练习 5-63】

继续以练习 5-61 中的项目为例，参看图 5-8-9 所示的步骤，掌握生成打包库的基本方法。

图 5-8-9　生成打包库

5.8.2　管理 LabVIEW 项目的依赖关系

依赖关系用于查看某个终端下 VI 所需的项，如其他 VI、共享库（DLL）、LabVIEW 项目库。LabVIEW 项目的每个终端都包含依赖关系。LabVIEW 会自动识别项目中文件的依赖文件，并将这些文件添加至依赖关系中。LabVIEW 将依赖关系放在三个文件夹中，即 vi.lib、user.lib、Items in Memory。

1. 依赖关系列表

在依赖关系中无法直接添加项。添加、移除、保存项目中的项时，依赖关系将自动更新。例如，向终端添加一个含有子 VI 的 VI，LabVIEW 会把该子 VI 添加到依赖关系中。但是，若向终端添加一个子 VI，则与子 VI 关联的 VI 不会出现在依赖关系中。请谨慎重命名或移动依赖文件，避免依赖关系出错。

【练习 5-64】

参看图 5-8-10 所示的步骤，掌握刷新依赖关系的方法。

右击"依赖关系"选项，打开快捷菜单，选择"刷新"选项，即可查看当前项目的依赖关系。

图 5-8-10　刷新依赖关系

2．添加动态依赖关系

打开项目时，VI 动态调用的项不会在依赖关系中显示。运行调用方时，动态加载项显示在依赖关系的 Items in Memory 文件夹中，可手动将这些项添加到终端下以便在项目中对其进行管理。

因为动态加载的文件并没有被项目中的调用方静态调用，所以任何对动态加载文件路径的改动都会使文件不被加载。

3．管理共享依赖关系

若创建的应用程序包含共享代码，则对共享代码的修改可能会影响到其他调用方。请按照下列要求管理包含动态代码的依赖关系。

（1）避免修改各个应用程序共享的代码。

（2）若要修改共享代码，则请先在本地备份代码。

（3）谨慎将改动集成至共享代码。

（4）使用源代码控制软件。

5.8.3　解决项目冲突

项目可以包含与项目中其他项存在冲突的项。但若 LabVIEW 项目中的同一终端下有两个或两个以上的项重名，则有可能发生交叉链接，因而产生冲突。例如，当 VI 从另一个路径调用一个与项目中已有项同名的子 VI 时，将发生交叉链接冲突。

1．查找冲突项

确定是否存在交叉链接冲突的最佳方式是查看项目项的完整路径。

【练习 5-65】

参看图 5-8-11 所示的步骤，掌握查找项目冲突项的方法。

图 5-8-11　查找项目冲突项

若需查看现有冲突的详细信息，则可单击"项目浏览器"窗口工具栏中的"解决冲突"按钮，打开"解决项目冲突"对话框。

也可从"项目"菜单中选择"项目"→"解决冲突"命令，打开"解决项目冲突"对话框，或右击一个冲突项并从快捷菜单中选择"解决冲突"选项。

右击一个冲突项，选择"查找"→"冲突"命令，在"查找冲突"对话框中查看所有冲突项。若冲突项仅与一个项冲突，则 LabVIEW 将在"项目浏览器"窗口中高亮显示该项。也可使用"查找：冲突属性"属性节点，通过编程查找项目中的冲突。

在"项目浏览器"窗口中，所有导致冲突的项的旁边都有一个黄色的三角形警告符号。

2．移除冲突项

当 VI 的层次结构与项目中其他内容的层次结构有冲突时，可将调用方 VI 从项目中删除。

删除项目中有冲突的子 VI 并不一定能解决冲突问题，因为项目中的其他项仍可能在引用导致冲突的该子 VI。有冲突的项将作为一个冲突项出现，直到所有调用了该冲突项的调用方全部从项目中删除。将具有调用方的项从项目中删除后，有冲突的项将被移至依赖关系中。

3．重命名冲突项

若不想删除冲突项，且通过查看得知该冲突项与项目中的另一项具有相同的合法名称，则可重命名该冲突项或将其添加到一个项目库中。

4．重定位冲突项

当两个以上的项具有相同的合法名称，且磁盘中仅存在一个项时，可右击冲突项并从快捷菜单中选择"替换为项目所找到的项"选项。LabVIEW 将更新错误项的调用方，使之引用在磁盘中查找到的那个项。

若检查后发现有一个或多个 VI 引用了错误的子 VI，则应使所有调用方重新引用一个路径不同的子 VI。

5. 查找丢失项

若 LabVIEW 项目中的一个或多个文件引用了 LabVIEW 无法找到的项，则可右击项目根目录并从快捷菜单中选择"查找丢失项"选项，打开"查找丢失项"对话框，该对话框中列出了项目中所有引用了 LabVIEW 无法找到项的项目项。当一个项目中的项与一个项目外的项存在依赖关系时，项目外的项将出现在依赖关系中。

6. 查找错误声明的项

用户可在 LabVIEW 中找到解决库和库声明项之间的冲突。要确定一个项是否被库重复声明，可右击项目根目录从快捷菜单中选择"Find Items Incorrectly Claimed by a Library"选项，在"查找项目项"对话框中显示错误声明的项。使用该对话框找到某项，然后将其从库中删除或添加至库中。或者，右击文件夹或库，从快捷菜单中选择"Find Items Incorrectly Claimed by a Library"选项，找出库中错误声明的项。

5.9 使用进阶编程结构

5.9.1 使用状态机编程

状态机是基于单个 While 循环的一种进阶编程结构，该结构的特点是在 While 循环内嵌入一个条件结构，利用枚举常量给初始化条件赋值，并驱动初始条件分支初始执行。条件分支的其他分支用于判断执行下一个条件分支的可能性。

状态机的优点是在保持 While 循环不停止的前提下，循环执行一些判断条件，从而实现不同状态之间的转移。相较单 While 循环结构而言，状态机是更显智能化的连续判断。

【练习 5-66】

打开范例查找器，搜索关键词"状态机基础"，打开 State Machine Fundamentals.vi，参看图 5-9-1，读懂并分析状态机条件结构。

图 5-9-1　状态机条件结构

【练习 5-67】

基于上面的状态机模板，尝试编写一个程序，实现对随机数大于 0.5 的判断。当随机数大于 0.5 时，进入 State 1 条件分支，显示 LED 点亮状态并弹出"当前数值大于 0.5"的提示对话框。当随机数小于 0.5 时，进入 State 2 条件分支，显示 LED 熄灭状态并弹出"当前数值小于 0.5"的提示对话框。

5.9.2 同步数据传输编程

尽管状态机的结构对单个 While 循环的功能进行了扩展，使其具备了功能的外延，但仍无法满足解决并行执行两个（或两个以上）任务的需求。执行两个独立的任务，简言之就是两个 While 循环分别执行自己的任务，且两者间能够互通数据。

可以利用两个 While 循环并使用队列传输数据实现上面的需求。

【练习 5-68】

打开范例查找器，找到 Queue Overflow and Underflow.vi，参看图 5-9-2，读懂并掌握入队列循环和出队列循环执行并行任务的原理。

图 5-9-2 所示的结构也称为消费者/生产者结构。生产者/消费者模式基于主/从模式，旨在加强以不同速率运行的多个循环之间的数据共享。与标准的主/从模式一样，生产者/消费者模式用于隔开具有不同生成数据和消耗速率的进程。生产者/消费者模式的并行循环分为两类：生产数据的循环和消费数据的循环。数据队列用于在生产者/消费者模式中的循环之间传递数据。这些队列提供了一个优势，即生产者循环和消费者循环间的数据缓冲。

图 5-9-2 入队列循环和出队列循环执行并行任务

　　由于生产者/消费者模式并非基于同步，循环初次执行时并不遵循特定的顺序，因此，在一个循环之前启动另一个循环可能会出现问题。因此，在生产者/消费者模式中使用事件结构可以解决这一问题，如图5-9-3所示。

图 5-9-3　在生产者/消费者模式中使用事件结构

第 6 章

NI 数据采集基础

本章基于第 1～5 章的 LabVIEW 软件编程基础知识，引入数据采集的知识，借助 NI 数据采集设备，讲解使用 DAQ（Data Acquisition）助手方式和 DAQmx 编程方式实现数据采集的具体方法。

6.1 基于计算机的数据采集系统

本书所指的数据采集是指借助计算机（PC）及外围 I/O 设备实现对电压、电流、温度、压力或声音等信号进行测量的过程。基于计算机的数据采集系统基本流程结构由传感器、信号调理、DAQ 和安装了数据采集编程软件的计算机组成，如图 6-1-1 所示。

图 6-1-1　基于计算机的数据采集系统基本流程结构

1．传感器

传感器是一种检测装置，能感受到被测量（如温度、光照强度、声音频率、磁场强度等）的信息。传感器一般接收的是非电信号，输出的是电信号。传感器接收到的非电信号转换成模拟量或其他所需形式的信息输出，再将其作为信号的来源提供给后续的传输、处理、存储、显示、记录和控制等环节。

2. 信号调理

传感器输出的电信号千差万别，比如，幅值有的大，有的小。有些信号夹带的噪声可以把原始信号淹没。若把这样的信号送入 DAQ，则将无法反映真实的物理量。

举个具体的例子，常用于测温的 k 型热电偶在室温 25℃时输出的电压仅为 1mV，将 1mV 左右的交流电压信号送入量程为 10V 的模拟信号输入通道，如果没有采取必要的抗干扰措施，这 1mV 的电压信号是无法被准确测量的，因为它大概率淹没在噪声信号中了。因此电信号送入 DAQ 之前，需要增加一个名为信号调理的环节。信号调理的作用就是将传感器输出的电信号进行一定的处理（放大、滤波、补偿、隔离等），保证经过信号调理后输出的电信号送入 DAQ 是可靠的。

3. DAQ

DAQ，是计算机和外部信号之间的接口。可以简单地将 DAQ 理解为类似声卡的计算机外设，具备接收电信号的能力，也具备输出电信号的能力，能将输入的模拟信号数字化，变为计算机可以读懂的二进制数据信息。目前，许多 DAQ 具有实现测量系统和过程自动化的功能，例如，模数转换器（ADC）可以输入模拟信号、数模转换器（DAC）可以输出模拟信号、数字 I/O 线输入和输出数字信号、计数器/定时器测量并生成数字脉冲。

4. 计算机

数据采集中使用的计算机，泛指安装了数据采集编程软件的计算机，它具备操控 DAQ 的能力，结合编程软件能够实现复杂功能的信号采集、数据处理、可视化和存储等功能。具体地，数据采集中使用的计算机需要安装数据采集应用所需的驱动程序和应用软件。应用软件是基于 DAQ 的驱动程序开发的，可以实现 DAQ 与计算机的数据交互，并将获得的测量数据进一步显示、处理。书中涉及的 DAQ 的驱动程序是 NI-DAQmx，应用程序可以是用户自己开发的 DAQWare for NI-DAQmx 或者利用 LabVIEW 编写的其他测量应用程序。

不同环境场合，可选择不同形态的计算机。例如，在实验室中，可以使用性价比高的台式机；在工地上，可以使用便携性好的笔记本电脑；在制造生产线上，使用耐用性强的工业计算机更为适合。

6.2 测量信号的类型

不同类型的信号依据自身的特点，按照不同的方式传递信息。模拟信号随时间连续变化；数字信号或二进制信号只有两个离散电平：高电平（开）和低电平（关）。常见的信号特征及分类如图 6-2-1 所示。

图 6-2-1　常见的信号特征及分类

6.3　测量模拟信号

　　模拟信号连接时考虑的事项如图 6-3-1 所示，为了保证测量结果的准确性，在测量模拟信号之前，必须明确输入信号的接地连接方式和测量系统的接线端连接方式。

图 6-3-1　模拟信号连接时考虑的事项

6.3.1　连接模拟输入信号

　　不同的数据采集设备、接线盒或信号调理模块可能使用不同的连接方式。DAQ 助手的连线图提供了各种常见模拟输入信号（如应变、温度、电流、电压等）的接线端连接方式。

　　利用 NI MAX 可以查询 USB-6009、PCI-6251、myDAQ 等设备的引脚功能。

1．浮地信号源

　　在浮地信号源（见图 6-3-2）中，电压信号未连接至绝对参考或公用接地。

> - 浮地信号源也称为无参考信号源。电池、热电偶、变压器和隔离放大器都属于浮地信号源。
> - 图中信号源的接线端未连接至接地电源插座,独立于系统接地。

接地

图 6-3-2　浮地信号源

可通过差分测量系统和参考单端测量系统测量浮地信号源。在差分测量系统中,应确保信号相对于测量系统接地的共模电压在测量设备的共模输入范围内。多种因素(如放大器输入偏置电流)均可导致浮地信号源的电压超出 DAQ 输入的有效范围。

2. 接地信号源

连接至系统接地端(如地面或建筑物地面)的电压信号的信号源称为接地信号源,如图 6-3-3 所示。

> - 由于连接至系统接地端,信号与测量设备使用相同的公共地。
> - 最常见的接地信号源为连接至建筑物墙体中电源插座的设备(例如信号发生器或电源)。
> - 通常,两个独立接地信号源的接地具有不同的电势差。连接至建筑物接地的仪器的接地电势差为 10～200mV。若电源线路连接不当,则可导致该电势差增大。

接地

图 6-3-3　接地信号源

利用差分测量系统或非参考单端测量系统是测量接地信号的最佳方式。通过参考单端测量系统测量接地信号源时,测量系统通常会受噪声的影响,测量数据通常会包含电源线的频率(50Hz 工频)成分。接地环路还可能引入 AC 和 DC 噪声,导致测量结果存在偏置误差和噪声。接地间的电势差也将导致相互连接的电路间存在电流(该电流称为接地环路电流)。

如果信号的电压值较大,且信号源和测量设备间存在低阻抗连线,仍可选择使用参考单端测量系统,由此引起的信号电压测量性能的降低是在可接受范围内的。但为了避免信号源和接地间可能出现的短路损坏设备,连接信号至接地参考单端测量系统前,必须检查接地信号源的极性。

6.3.2　模拟信号测量系统的类型和信号源

信号连接至数据采集设备的方式由输入信号源的类型(接地信号源或浮地信号源)和测量系统的配置(差分、参考单端、非参考单端、伪差分)确定。表 6-3-1 所示为模拟信号输入连接时的信号源类型和测量系统。

表 6-3-1　模拟信号输入连接时的信号源类型和测量系统

测 量 系 统	信号源类型	
	浮地信号源（未连接至建筑物接地）	接地信号源
差分	AI+　AI−　Rext　AIGND Rext：添加的外部偏置电阻	AI+　AI−　AIGND
参考单端	AI　AIGND AIGND 是参考单端通道的公用参考	AI　$+V_g$　AIGND 不推荐此接法 接地环路，测量信号包含 V_g
非参考单端	AI　AISENSE　Rext　AIGND　AIGND AISENSE 是非参考单端通道的公共参考	AI　AISENSE　AIGND
伪差分	AI+　AI−　AIGND	AI+　AI−　AIGND

1. 差分测量系统

差分测量系统的输入端不与固定的参考端（如地或建筑物接地）连接。与浮地信号源类似，差分测量系统通过不同于测量系统接地的浮接端进行测量。手持电池供电仪器和带有放大器的 DAQ 属于差分测量系统。

图 6-3-4 所示为 NI-DAQ 通常使用的 8 通道差分测量系统。信号路径使用模拟多路复用器，实现测量通道数量的增加，且只需使用一个放大器。图 6-3-4 中的模拟输入接地为 AIGND

引脚，它作为测量系统接地。

图 6-3-4　NI-DAQ 通常使用的 8 通道差分测量系统

通过信号源的浮地连接或接地连接可确定是否使用差分测量系统。

1）抑制共模电压

理想的差分测量系统可测量两个端子间的电位差：+输入和-输入。两根导线间的差分电压就是所需信号，然而差分导线对两端都可能存在不需要的信号，该信号电压就是共模电压。理想的差分测量系统能完全抑制共模电压，无须对其进行测量。实际上很多限制条件都会限制设备抑制共模电压的能力，这些限制条件有共模电压范围和共模抑制比（CMRR）等参数。

2）共模电压

共模电压范围是每个输入端相对于测量系统接地的允许电压变化。超出该范围的电压不仅可导致测量错误，还可损坏设备。共模电压（V_{cm}）由下列公式确定：

$$V_{cm} = \frac{(V_+ + V_-)}{2}$$

式中，V_+是测量系统的非反向接线端相对于测量系统接地的电压；V_-是测量系统的反向接线端相对于测量系统接地的电压。

3）CMRR

CMRR 用于衡量差分测量系统对共模电压信号的抑制。例如，在噪声环境中测量热电偶，环境噪声可能影响输入导线，因此，该噪声作为共模电压信号被抑制，其大小等于仪器的 CMRR。CMRR 由下列公式确定，以 dB 为单位。

$$CMRR（dB）= 20\lg\left(\frac{差分增益}{共模增益}\right)$$

CMRR 计算测量电路示例如图 6-3-5 所示。在该电路中，CMRR 可表示为 $20\lg\,(V_{cm}/V_{out})$，$V_{cm}=V_{+}+V_{-}$，以 dB 为单位。

图 6-3-5　CMRR 计算测量电路示例

2. 参考单端测量系统和非参考单端测量系统

参考单端测量系统和非参考单端测量系统类似于测量中的信号源接地。参考单端测量系统测量相对于地（图 6-3-6 所示的 AIGND，直接连线至测量系统接地）的电压。图 6-3-6 所示为 8 通道参考单端测量系统示意图。

图 6-3-6　8 通道参考单端测量系统示意图

DAQ 通常采用另一种参考单端测量技术，称为非参考单端。图 6-3-7 所示为 8 通道非参考单端测量系统示意图。

- 在非参考单端系统中，所有的测量都相对于单端模拟输入采样（AISENSE），但是该端的电压可根据测量系统接地改变。左侧图所示的8通道非参考单端测量系统与单通道差分测量系统一致。

图 6-3-7　8 通道非参考单端测量系统示意图

3. 伪差分测量系统

伪差分测量系统具有差分输入通道和参考单端输入通道的某些特点。与差分输入通道类似，伪差分测量系统的通道包含正极和负极。正极和负极分别连接至待测单元的输出。负极输入通过相对较小的阻抗（图 6-3-8 所示的 Z_1）与系统接地相连。负极输入和接地间的阻抗包含阻性组件和容性组件。输入通道的正极和负极间存在较大的阻抗（图6-3-8所示的Z输入）。

图6-3-8　伪差分测量系统

伪差分输入配置常用于同步采样和未使用多路复用信号架构的动态信号采集（DSA）设备。伪差分测量系统适用于测量浮接或隔离设备（如使用电池的设备或加速计）的输出。若参考信号与测量系统接地间的电势差不大，则伪差分输入配置也适用于测量参考信号。若信号负极与机箱接地间的电势差过大，则接地回路可能影响测量精度。总而言之，差分输入比伪差分输入具有更高的 CMRR。

6.3.3　连接模拟输出信号

不同的数据采集设备、接线盒或信号调理模块可能使用不同的连线方式。图6-3-9所示为 NI-DAQ 常见的模拟输出信号连接示意图。

图6-3-9　NI-DAQ 常见的模拟输出信号连接示意图

6.3.4　采样相关注意事项

1. 设备范围

设备范围是指 ADC（模数转换器）可转换为数字信号的最大和最小模拟信号电平。许多数据采集设备可在单极模式和双极模式间切换或使用不同的增益。选择其他的范围，可使 ADC 在数字化信号时充分利用精度。

例如，1 个 16 位的 ADC，如果模拟输入通道的满量程是±10V，那么最小的电压分辨率是 0.000305V。如果将满量程设置为±1V，那么最小的电压分辨率是 0.0000305V。

2．单极模式和双极模式

在单极模式下，数据采集设备仅支持 0～+XV；在双极模式下，数据采集设备支持-X～+XV。某些数据采集设备仅支持一种模式，而某些数据采集设备可在两种模式间切换。

切换不同的模式，数据采集设备可选择最适合待测信号的模式。图 6-3-10（a）所示为单极模式。3 位 ADC 将 0～10V 的范围划分为 8 个区间。在双极模式下，该区间为-10.00～10.00V，如 6-3-10（b）图所示。相同的 ADC 可将 20 V 划分为 8 个区间。最小的可检测电压变化由 1.25V 增大为 2.50 V，信号的表示精度随之降低。数据采集设备依据创建虚拟通道时指定的输入限制选择最佳模式。

（a）单极模式　　　　　　　　　　（b）双极模式

图 6-3-10　单极模式与双极模式

3．增益调节

若数据采集设备有多个增益，则输入信号乘以增益可使信号充分利用设备范围。因此，数据采集设备可选择不同的范围。例如，数据采集设备的设备范围为-10～10V，可能的增益为 1、2 和 4 倍，则可选范围为-10～10V、-5～5V 和-2.5～2.5V。数据采集设备依据创建虚拟通道时指定的输入限制选择增益。

4．输入限制（最大值和最小值）

输入限制是指换算后（包括自定义换算）要测量的最大值和最小值。输入限制通常被误认为设备范围。设备范围是指特定设备的输入范围。例如，DAQ 的设备范围可能为 0～10V，但该设备使用温度传感器时，温度为 1℃对应的电压输出值为 100mV。此时，输入限制为 0～100℃，10V 对应 100℃。

输入限制使用相似的方法改进测量的精度。例如，若温度小于或等于 50℃，则可选择最小值为 0℃，最大值为 50℃。数据采集设备数字化处理的电压为 0～5V，而非 0～10V，从而保证数据采集设备可检测更小的温度变化。

5．采样率

模拟输入/输出系统中最重要的参数之一是数据采集设备对输入信号进行采样或生成输出信号的速率，即采样率。采样率是指数据采集设备在每个通道上采集或生成采样的速率。较高的输入采样率可在指定时间内采集更多的数据，更好地呈现原始信号。对于 1Hz 的信号，使用 1000S/s 的采样率生成 1000 个点的表现效果好于使用 10S/s 的采样率生成 10 个点的表现效果。过低的采样率无法准确表现原有信号的频率，可能会导致混叠。信号的采样率与采样数如图 6-3-11 所示。

图 6-3-11　信号的采样率与采样数

NI 在数据采集中建议采样率和采样数的关系为 10：1。例如，使用 10kS/s 的采样率，采样数设置为 1000 较为合理。当设置的采样率较低时，如 1kS/s，采样数设置为 1000，也是可以的。

6. 精度

精度是指数据采集设备或传感器能识别的输入信号的最小变化。ADC 的精度由用于表示模拟信号的位数确定。数据采集设备的精度类似于尺子的刻度。刻度越多，精度越高。同样，精度越高，表明对 ADC 测量范围的划分越细，可检测的变化就越小。

一个 3 位的 ADC 将范围划分为 8（2^3）个区间。二进制或数字编码 000～111 分别表示各个区间。ADC 将模拟信号的测量值转换为各个区间。图 6-3-12 所示为 3 位和 16 位 ADC 采集的正弦波数字信号。由于 3 位 ADC 的位数太少，因此数字信号无法完全表示原有信号，无法表示连续变化的模拟信号。若精度增加至 16 位，则 ADC 的区间数增加至 65536（2^{16}），ADC 可以更准确地表示模拟信号。

图 6-3-12　3 位和 16 位 ADC 采集的正弦波数字信号

7. 计算可检测的最小变化——编码宽度

数据采集设备可检测的输入信号的最小变化，称为编码宽度，它由数据采集设备的精度和设备范围确定。编码宽度越小，测量精度越高。可通过下列公式计算编码宽度：

$$编码宽度 = \frac{设备量程}{2^{分辨率}}$$

若 12 位数据采集设备的设备量程是 0～10V，则编码宽度为 2.4 mV；若数据采集设备的设备量程是-10～10V，则编码宽度为 4.8 mV。

$$\frac{设备量程}{2^{分辨率}} = \frac{10}{2^{12}} \approx 2.4\text{mV}$$

$$\frac{设备量程}{2^{分辨率}} = \frac{20}{2^{12}} \approx 4.8\text{mV}$$

对于此前给定的设备量程，高精度 ADC 具有较小的编码宽度。

$$\frac{设备量程}{2^{分辨率}} = \frac{10}{2^{16}} \approx 0.15\text{mV}$$

$$\frac{设备量程}{2^{分辨率}} = \frac{20}{2^{16}} \approx 0.3\text{mV}$$

12 位数据采集设备的编码宽度随设备量程的变化如表 6-3-2 所示。数据采集设备依据创建虚拟通道时指定的输入限制选择最佳量程。选择准确反映待测信号的输入限制以获取最小的编码宽度。DAQmx 可强制转换输入限制符合选定的设备量程。

表 6-3-2　12 位数据采集设备的编码宽度随设备量程的变化

整体设备量程	可能的带增益调整的设备量程	精　　度
0～10 V	0～10 V	2.44 mV
	0～5 V	1.22 mV
	0～2.5 V	610 μV
	0～1.25 V	305 μV
	0～1 V	244 μV
	0～0.1 V	24.4 μV
	0～20 mV	4.88 μV
−5～5 V	−5～5 V	2.44 mV
	−2.5～2.5 V	1.22 mV
	−1.25～1.25 V	610 μV
	−0.625～0.625 V	305 μV
	−0.5～0.5 V	244 μV
	−50～50 mV	24.4 μV
	−10～10 mV	4.88 μV
−10～10 V	−10～10 V	4.88 mV
	−5～5 V	2.44 mV
	−2.5～2.5 V	1.22 mV
	−1.25～1.25 V	610 μV
	−1～1 V	488 μV
	−0.1～0.1 V	48.8 μV
	−20～20 mV	9.76 μV

🔔 **注意**

12 位 ADC 的最低有效位（LSB），即 12 位 ADC 的计数值 1 对应的电压增量。

6.4 测量数字信号

数字信号（如 TTL 信号）有两个离散电平：高电平和低电平。TTL 信号的特性如图 6-4-1 所示。

图 6-4-1　TTL 信号的特性

数字设备可用于监视和转换脉冲的状态。计数器也可用于监视和检测上升沿（逻辑低至逻辑高）/下降沿（逻辑高至逻辑低）。

1. 连接数字 I/O 信号

不同的具有数字信号采集能力的数据采集设备包含不同数量的数字线。图 6-4-2 所示为 3 种常见 DIO 应用的信号连接。

图 6-4-2　3 种常见 DIO 应用的信号连接

2. 计数器

计数器用于测量和生成数字信号。计数器常用于时间测量（如测量信号的数字频率或周期）的边沿计数。依据不同的设备和应用，计数器需使用不同的信号连接。

3．数字逻辑状态

用户可以为不同的通信和测试应用选择具有各种特性的数字 I/O 仪器。通常，除驱动数字模式（1 和 0）外，数字 I/O 仪器还支持包含部分或全部数字逻辑状态（见表 6-4-1）的波形。

表 6-4-1　数字逻辑状态

状态	逻辑状态	驱动数据	预期响应
驱动状态	0	逻辑低电平	无要求
	1	逻辑高电平	无要求
	Z	禁用	无要求
比较状态	L	禁用	逻辑低电平
	H	禁用	逻辑高电平
	X	禁用	无要求

数字逻辑状态除控制电压驱动器外，在设备支持的情况下，还可以按照时钟周期控制数字测试器（如 DAQ）的比较引擎。驱动状态可指定数字测试器驱动数据所在的通道或禁用电压驱动器的时间（三态或高阻抗状态）。比较状态可以表明被测设备的预期响应。通过数字逻辑状态可实现双向通信和对采集数据的实时硬件比较。

4．占空比

占空比是脉冲的特性，可以通过下列公式计算高、低脉冲时间不一致的脉冲的占空比。脉冲周期是高、低脉冲时间的和。

$$\frac{高脉冲时间}{脉冲周期}=占空比$$

脉冲的占空比为 0～1，通常用百分比表示。占空比如图 6-4-3 所示。对于高、低脉冲时间相同的脉冲，占空比为 0.5（50%）。占空比小于 50%表明低脉冲时间长于高脉冲时间；占空比大于 50%表明低脉冲时间短于高脉冲时间。

图 6-4-3　占空比

6.5 信号调理

传感器输出的是测量物理现象（如温度、力、声音和光）的电信号。若测量传感器的信号，则必须将其转换为 DAQ 可读取的格式。使信号适合数字化的过程称为信号调理。信号调理通常包括 4 个部分，如图 6-5-1 所示。

图 6-5-1 信号调理

例如，热电偶的输出电压很小（微伏级）且极易被噪声干扰，在转换为数字信号前，必须进行滤波和放大处理。

1. 放大

放大是信号调理手段中常用的一种，通过增大信号的幅度，提高数字化信号的精度。放大信号可以使电压的最大变化范围等于 ADC 或数字化仪的最大输入范围，可获得尽可能高的准确性。系统应通过最接近信号源的测量设备放大低电平信号，放大信号示意图如图 6-5-2 所示。

- 应使用屏蔽式电缆或双绞线电缆。通过减小电缆长度可降低导线引入的噪声。使信号连线远离 AC 电源电缆和显示器可减少频率为 50～60 Hz 的噪声。
- 若通过测量设备放大信号，则测量和数字化的信号中可能包含由导线引入的噪声。在接近信号源的位置通过 SCXI 模块放大信号，可减少噪声对被测信号的影响。

图 6-5-2 放大信号示意图

2. 线性化

线性化是信号调理的一个环节，通过软件使传感器产生的信号线性化，换算后的电压可用于物理现象。通过软件或硬件的线性化处理，应用中的热电偶的电压值可换算为相应的温度变化。绝大多数传感器具有用于说明传感器换算关系的线性化表格。

3. 传感器激励

信号调理可以为某些传感器提供必需的电压或电流激励。例如，应变计需要外部电压激励，RTD 需要外部电流激励。许多测量设备可为传感器提供激励，如 TLA-004 传感器课程实验套件可提供恒流源激励。设备是否可生成激励，需查看设备说明技术文档。

4. 隔离

信号通常会超出测量设备可处理的范围。测量过大的信号会导致测量设备损坏或造成人身伤害。通过隔离信号调理技术可防止人体和测量设备接触过大的电压。信号调理硬件可降低较高的共模电压，获取测量设备可处理的电压信号。通过隔离信号调理技术可避免接地电势差对设备的影响。

6.6　数据采集设备分类

根据需求不同，NI 提供了种类繁多的数据采集设备。表 6-6-1 列出了 NI 数据采集设备的基本分类。本书主要以 USB 总线的 DAQ 的 USB-600x、myDAQ 为例。

表 6-6-1　NI 数据采集设备的基本分类

分　　类	产　品　线
按总线	USB、以太网、PCI、PCIe、WIFI
按通道数	低通道独立式数据采集设备（USB、PCI、PCIe） 中通道模块化数据采集设备（cDAQ） 高通道模块化数据采集设备（PXI）
按测量类型	电压、频率、热电偶、电流、IEPE 加速度计、RTD、数字信号、应变/电桥

6.7　NI MAX 与 DAQmx

NI MAX 在 DAQmx 安装后可获得，通过 NI MAX 管理工具可完成图 6-7-1 所示的五大类操作。

图 6-7-1　NI MAX 管理工具可完成的五大类操作

若选择仅安装 DAQmx Runtime（运行引擎），则不会包含 NI MAX。

6.7.1　NI-DAQ 设备的使用基本流程

使用 NI-DAQ 设备及 DAQmx 开展数据采集工作，可依照图 6-7-2 所示的基本流程（7 个步骤）进行。

图 6-7-2　使用 NI-DAQ 设备的基本流程

打开 NI MAX，在左侧列表框中找到"我的系统"选项，双击"设备和接口"选项，确认已安装的 DAQ 被正确识别。根据测量需要，连接传感器和信号线至已安装设备的端子模块或附件端子，设备端子、引脚的位置可在 NI MAX 中查找。在 NI MAX 中使用测试面板工具完成设备具备工具的测试工作。在 NI MAX 中创建 DAQmx 通道和任务，或者在 NI MAX 中使用 DAQ 助手配置测量任务。

6.7.2　DAQmx

NI 为自己生产的数据采集硬件提供了统一的应用程序编程接口（API），DAQmx 正是基于该 API 的数据采集驱动软件。简而言之，只要是 NI 的数据采集设备，不论接口、型号都可以由 DAQmx 提供的 VI、函数、属性节点来实现统一的编程模式，无须额外安装其他软件。

DAQmx 也提供 Express VI 形式的 DAQ 助手工具供数据采集使用。安装 DAQmx 后，"DAQmx-数据采集"子选板如图 6-7-3 所示。

图 6-7-3　"DAQmx-数据采集"子选板

6.7.3　使用 NI MAX 的测试面板

DAQmx 安装完成后，通过 USB 数据线将 USB-6009 与计算机的 USB 口正确连接，在 NI MAX 中可以发现新连接的设备与接口项，并进行相应的配置。利用"测试面板"按钮右侧的"创建任务"按钮，可以快速建立数据采集任务（Express VI）。

任务是一个或多个虚拟通道定时、触发等属性的集合。根据信号的类型（模拟、数字、计数器）和方向（输入、输出），用户可创建不同类型的虚拟通道。

（1）模拟输入通道：使用各种传感器测量不同的物理现象。创建的通道类型取决于传感器及测量现象的类型，如可创建热电偶测量温度的通道、测量电流/电压的通道、测量带激励电压的通道等。

（2）模拟输出通道：DAQmx 支持电流信号和电压信号。若设备测量的是其他信号，则可将测得的信号进行转换得到电压信号或电流信号。

（3）数字 I/O 通道：可创建基于线和基于端口的数字 I/O 通道。基于线的数字 I/O 通道可包含设备一个或多个端口的一条或多条数字线。读取或写入基于数字线的数字 I/O 通道不会影响硬件上的其他数字线。可将一个端口中的数字线在多条通道中使用，并在一个或多个任务中同时使用这些通道，但是某条通道中的线必须都是输入线或输出线。另外，任务中的所有通道必须都是输入通道或输出通道。有些设备还规定端口中的线必须都是输入线或输出线。基于端口的数字 I/O 通道表示设备上的一组数字线。读取或写入端口将影响端口中的所有数字线。端口中所有线的数量（端口宽度）是一个硬件参数，通常从 8 线（MIO 设备）到 32 线（SCXI 数字模块）不等。

（4）计数器 I/O 通道：DAQmx 支持不同计数器测量和生成类型的输入和输出。

【练习 6-1】

参看图 6-7-4，掌握使用 NI MAX 的测试面板对 USB-6009 进行简单配置（以模拟输入为例）的方法。

图 6-7-4　使用 NI MAX 的测试面板对 USB-6009 进行简单配置

【练习 6-2】

参看图 6-7-5，通过 NI MAX 对 USB-6009 进行任务创建（采集信号→模拟输入），理解上述任务及通道的概念。举一反三，自行创建一个测量任务（数字输入→线输入）。

图 6-7-5　通过 NI MAX 对 USB-6009 进行任务创建

利用 NI MAX 创建的测量任务，可以在不编写 LabVIEW 程序的情况下，实现信号数据的预览、采集、设置与记录。

6.8　DAQmx 数据采集

6.8.1　创建典型的 DAQ 应用程序

创建 DAQ 应用程序的基本编程步骤如图 6-8-1 所示。

图 6-8-1　创建 DAQ 应用程序的基本编程步骤

图 6-8-2 所示的两个程序均可以运行，区别在于是否包含图 6-8-1 所示的可选项，设置定时、设置触发、数据记录均为可选步骤。若要使用硬件定时而非软件，则必须包括设置定时步骤。若需要设备仅在某些条件满足时采集信号，则可使用触发，例如，需要在输入信号高于 4 V 时开始采集信号。

（a）包含硬件定时、数据记录、触发设置的 DAQmx AI 数据采集程序

图 6-8-2　两个程序

（b）不含软件定时、数据记录、触发设置的 DAQmx AI 数据采集程序

图 6-8-2　两个程序（续）

6.8.2　使用 DAQ 助手

　　DAQ 助手是基于 DAQmx 编程方式实现的 Express VI（快速 VI），通过向导式的操作可以快速实现数据采集，实现过程类似图 6-7-5 所示过程，而无须图 6-8-2 所示的具体编程。DAQ 助手在"函数"选板中所处的位置如图 6-8-3 所示。表 6-8-1 所示为 DAQ 助手采集、生成信号说明。

图 6-8-3　DAQ 助手在"函数"选板中所处的位置

表 6-8-1　DAQ 助手采集、生成信号说明

信号的方向	信号的性质	信号的物理量说明
采集信号	模拟输入	电压、温度应变、电流、电阻、频率、位置、声压、加速度、速度（IEPE）、力、压强、扭矩、桥、带激励的自定义电压
	计数器输入	边沿计数、频率、周期、脉冲宽度、半周期、两个边沿的间隔、位置、占空比
	数字输入	线输入、端口输入
	TEDS	需配置 TEDS 传感器
生成信号	模拟输出	电压、电流
	计数器输出	脉冲输出
	数字输出	线输出、端口输出

【练习 6-3】

　　参看图 6-8-4，利用现有设备（如 USB-6009、myDAQ），使用 DAQ 助手创建一个单通道有限采样的模拟电压采集任务，掌握使用 DAQ 助手采集信号的具体操作方法，并尝试将任务修改为连续采集模拟电压任务。

图 6-8-4　使用 DAQ 助手创建一个单通道有限采样的模拟电压采集任务

6.8.3　配置"DAQ 助手"对话框

在上面的练习中，使用了"DAQ 助手"对话框的默认参数。根据数据采集的实际需要，可对"DAQ 助手"对话框中的参数进行修改，优化细化数据采集过程，从而获得更精确的采集结果。

1."配置"选项卡

1）定时设置

"DAQ 助手"对话框中的"定时设置"选区，用于指定模拟采集信号、模拟生成信号、数字采集信号、数字生成信号采集时的定时参数，如图 6-8-5 所示。

图 6-8-5　"定时设置"选区

2）通道设置

"DAQ 助手"对话框中的"通道设置"选区（以模拟电压信号采集为例）如图 6-8-6 所示。对于不同性质的采集、生成任务，"通道设置"选区右侧的设置选项会有不同。

图 6-8-6　"通道设置"选区

3）接线端配置

"接线端配置"选区指定虚拟通道的接地模式，可指定差分、RSE（参考单端）、NRSE（非参考单端）、伪差分 4 种接线端配置，也可由 NI-DAQ 自动选择接线端配置，如图 6-8-7 所示。

图 6-8-7　"接线端配置"选区

4）自定义换算

自定义换算指定了换算后的值与设备测量或生成所得的物理现象之间的转换。例如，封闭容器中理想气体的压力与其温度相关，可创建一个测量温度的虚拟通道，再使用一个自定义换算将温度换算为一个压力读数。通过"自定义换算"下拉列表，可以选择已创建的换算或新建换算。

2. "触发"选项卡

"触发"选项卡用于设置开始触发的触发类型和参考触发的触发类型，如图 6-8-8 所示。

图 6-8-8　触发类型

3."高级定时"选项卡

"高级定时"选项卡用于指定定时采集的时钟源、指定数字时钟的源、指定在信号上采集样本或更新生成的边沿和指定等待采样的时间，如图 6-8-9 所示。

图 6-8-9　"高级定时"选项卡

4."记录"选项卡

"记录"选项卡用于设置在任务上使用 TDMS 记录的相关参数，如图 6-8-10 所示。

图 6-8-10　"记录"选项卡

【练习 6-4】

根据上述配置"DAQ 助手"对话框的内容，并参看图 6-8-11，使用 DAQ 助手实现模拟电压输出（直流电压）。

图 6-8-11　使用 DAQ 助手实现模拟电压输出（直流电压）

6.8.4　DAQmx 数据采集功能 VI

DAQ 助手是 Express VI，即快速 VI，相较于单个 VI 易于使用。若要对数据采集过程进行精准控制，使用"DAQ 助手"Express VI 很难满足。

"DAQmx-数据采集"子选板中的 VI 多数是多态 VI，涉及 DAQmx 数据采集流程的众多功能。图 6-8-12 所示为 DAQmx 创建通道多态 VI，该 VI 可以实现模拟输入、模拟输出、数字输入、数字输出、计数器输入、计数器输出 6 类通道的创建。

虚拟通道包括名称、物理通道、输入端连接、信号测量或生成的类型，以及换算信息在内的一组属性设置。在 DAQmx 中，每个测量任务都必须配置虚拟通道。虚拟通道可以是全局虚拟通道或局部虚拟通道。

1．DAQmx 数据采集

下面以模拟输入、模拟输出、数字输入、数字输出、计数器输入、计数器输出 6 类的典型应用为例，讲解 DAQmx 编程时的基本流程。

图 6-8-12　DAQmx 创建通道多态 VI

【练习 6-5】

参见图 6-8-13，在范例查找器中找到范例目录，然后执行"硬件输入与输出"→
"DAQmx"→"模拟输入"→"电压—连续输入"（VI）命令，运行 VI 并熟悉 DAQmx 编程
实现模拟电压数据采集的流程，想一想与使用 DAQ 助手方式相比有何异同？

图 6-8-13　DAQmx 编程实现模拟电压数据采集的流程

【练习 6-6】

参见图 6-8-14，在范例查找器中找到范例目录，然后执行"硬件输入与输出"→
"DAQmx"→"模拟输出"→"电压—连续输出"（VI）命令，运行 VI 并熟悉 DAQmx 编程
实现模拟电压生成的流程，想一想与使用 DAQ 助手方式相比有何异同？

图 6-8-14　DAQmx 编程实现模拟电压生成的流程

【练习 6-7】

参见图 6-8-15，在范例查找器中找到范例目录，然后执行"硬件输入与输出"→"DAQmx"→"数字输入"→"数字—连续输入"（VI）命令，运行 VI 并熟悉 DAQmx 编程实现数字连续输入的流程，想一想与使用 DAQ 助手方式相比有何异同？

图 6-8-15　DAQmx 编程实现数字连续输入的流程

【练习 6-8】

参见图 6-8-16，在范例查找器中找到范例目录，然后执行"硬件输入与输出"→"DAQmx"→"数字输出"→"数字—连续输出"（VI）命令，运行 VI 并熟悉 DAQmx 编程实现数字连续输出的流程，想一想与使用 DAQ 助手方式相比有何异同？

图 6-8-16　DAQmx 编程实现数字连续输出的流程

【练习 6-9】

参见图 6-8-17，在范例查找器中找到范例目录，然后执行"硬件输入与输出"→"DAQmx"→"计数器输入"→"计数器—计数边沿"（VI）命令，运行 VI 并熟悉 DAQmx 编程实现计数器输入的流程，想一想与使用 DAQ 助手方式相比有何异同？

图 6-8-17　DAQmx 编程实现计数器输入的流程

【练习 6-10】

参见图 6-8-18，在范例查找器中找到范例目录，然后执行"硬件输入与输出"→"DAQmx"→"计数器输出"→"计数器—连续输出"（VI）命令，运行 VI 并熟悉 DAQmx 编程实现计数器连续输出的流程，想一想与使用 DAQ 助手方式相比有何异同？

DAQmx 编程方式相较于 DAQ 助手编程方式，将所有步骤进行了细化分解，使之更加贴近底层，便于灵活控制。

图 6-8-18 DAQmx 编程实现计数器连续输出的流程

范例查找器→"硬件输入与输出"→"DAQmx"目录下的所有范例，均可作为类似数据采集的程序模板。如果在程序模板的基础上，增加细节功能优化，就能获得更符合实际需求的数据采集程序。

2. DAQmx 常用的函数/VI

上述练习中用到的 DAQmx 子 VI，均来自"函数"选板。DAQmx 常用的函数/VI 用法如表 6-8-2 所示。简言之，如果将"DAQmx"选板里的子 VI 和函数组合在一起，就能构成数据采集的基本程序模板。范例查找器→"硬件输入与输出"→"DAQmx"目录下的所有范例，该程序模板可以与之对应。

表 6-8-2 DAQmx 常用的函数/VI 用法

函数/VI	用　途	备　注
DAQmx 任务名 DAQmx任务名	列出用户创建并通过 DAQ 助手保存的全部任务。不能使用该常量选择多个任务。右击常量图标，在快捷菜单中选择"过滤 I/O 名称"选项，限制常量可显示的任务和在常量中的输入	右击常量图标，创建属性节点，该属性节点仅适用于常量，而不是 DAQmx 任务属性节点
DAQmx 全局通道 DAQmx全局通道	列出用户创建并通过 DAQ 助手保存的全部虚拟通道。通过浏览选择多个通道。右击常量图标，在快捷菜单中选择"过滤 I/O 名称"选项，限制常量可显示的通道和在常量中输入的通道	右击常量图标，可创建属性节点。该属性节点仅适用于常量，而不是 DAQmx 通道
DAQmx 创建虚拟通道（VI） DAQmx Create Virtual Channel.vi AI电压	创建单个或多个虚拟通道，并将其添加至任务。该 VI 的实例分别对应于通道的 I/O 类型（如模拟输入、数字输出或计数器输出）、测量或生成操作（如温度测量、电压测量或事件计数）或在某些情况下使用的传感器（如用于温度测量的热电偶或 RTD）	在循环中使用该 VI 时，若未指定任务输入，则 DAQmx 将在循环的每次迭代中创建新的任务。完成任务前，应在循环中使用"DAQmx 清除任务"VI，以避免不必要的内存分配
DAQmx 读取（VI） DAQmx Read.vi 模拟DBL 1通道1采样	读取用户指定任务或虚拟通道中的采样。该 VI 的实例对应于返回采样的不同格式、同时读取单个/多个采样或读取单个/多个通道	DAQmx 读取属性包含用于读取操作的其他配置选项
DAQmx 写入（VI） DAQmx Write.vi 模拟DBL 1通道1采样	在用户指定的任务或虚拟通道中写入采样数据。该 VI 的实例用于写入不同格式的采样、写入单个/多个采样、写入单个/多个通道	若任务使用按要求定时类型，则 VI 只在设备生成全部采样后返回。未使用"DAQmx 定时"VI 时，默认的定时类型为按要求。若任务使用其他类型的定时，则 VI 将立即返回，不等待设备生成全部采样。应用程序必须判断任务是否完成，确保设备生成全部的采样。DAQmx 写入属性包含用于写入操作的其他配置选项

续表

函数/VI	用　途	备　注
DAQmx 结束前等待（VI） DAQmx Wait Until Done.vi	等待测量或生成操作完成。该 VI 用于在任务结束前确保完成指定的操作	—
DAQmx 定时（VI） DAQmx Timing.vi 采样时钟 ▼	配置要获取或生成的采样数，并创建所需的缓冲区。该 VI 的实例对应于任务使用的定时类型	DAQmx 定时属性包含 VI 中的所有定时选项，以及其他定时选项
DAQmx 触发（VI） DAQmx Trigger.vi 开始 ▼ 无	配置任务的触发。该 VI 的实例用于要配置的各种触发或触发类型	DAQmx 触发属性包含该 VI 的全部触发选项，以及附加触发选项
DAQmx 开始任务（VI） DAQmx Start Task.vi	使任务处于运行状态，开始测量或生成。该 VI 适用于某些应用程序	若未使用该 VI，则在"DAQmx 读取"VI 运行时，测量任务将自动开始。"DAQmx 写入"VI 的自动开始输入用于确定"DAQmx 写入"VI 运行时，生成任务是否自动开始 若在循环中多次使用"DAQmx 读取"VI 或"DAQmx 写入"VI，而未使用"DAQmx 开始任务"VI 和"DAQmx 停止任务"VI，则任务将反复进行开始和停止操作，从而导致应用程序的性能降低
DAQmx 停止任务（VI） DAQmx Stop Task.vi	停止任务，使其返回"DAQmx 开始任务"VI 尚未运行或"DAQmx 写入"VI 运行时自动开始输入值为 TRUE 的状态	若在循环中多次使用"DAQmx 读取"VI 或"DAQmx 写入"VI，而未使用"DAQmx 开始任务"VI 和"DAQmx 停止任务"VI，则任务将反复进行开始和停止操作，从而导致应用程序的性能降低
DAQmx 清除任务（VI） DAQmx Clear Task.vi	清除任务。在清除之前，VI 将终止该任务，并在必要情况下释放任务保留的资源。清除任务后，将无法使用任务的资源。必须重新创建任务	若在循环内部使用"DAQmx 创建任务"VI 或"DAQmx 创建虚拟通道"VI，则应在任务结束前的循环中使用该 VI，避免分配不必要的内存
DAQmx 通道属性节点（VI） → DAQmx通道 属性 ▶	属性节点中选定的类是 DAQmx 通道	
DAQmx 定时属性节点（VI） → DAQmx定时 SampQuant.SampMode	属性节点中选定的类是 DAQmx 定时	右击属性节点图标，在快捷菜单中选择"选择过滤"选项，属性节点将只显示系统已安装设备支持的属性
DAQmx 触发属性节点（VI） → DAQmx触发 Start.TrigType	属性节点中选定的类是 DAQmx 触发	
DAQmx 读取属性节点（VI） → DAQmx读取 RelativeTo	属性节点中选定的类是 DAQmx 读取	

续表

函数/VI	用　　途	备　　注
DAQmx 写入属性节点（VI） DAQmx写入 RelativeTo	属性节点中选定的类是 DAQmx 写入	
DAQ 助手 DAQ助手	通过 DAQmx 创建、编辑和运行任务	—

6.9　TLA-004 传感器课程实验套件

传感器数据采集是 NI LabVIEW 数据采集的典型应用之一，TLA-004 传感器课程实验套件适配 NI、雨骤科技（雨珠 S）、简仪科技、Digilent AD 系列数据采集卡，广泛用于高校实验课程教学、企业与工程培训。表 6-9-1 所示为 TLA-004 传感器课程实验套件命名规则，列出了具体兼容型号及性能指标。

表 6-9-1　TLA-004 传感器课程实验套件命名规则

传感器课程实验套件型号	适用数据采集卡型号	主　要　参　数
TLA-004/U6	适配 NI USB-600x （6000\6001\6002\6003\6008\6009） *基于 NI-DAQmx	4/8 通道模拟输入 AI（差分、单端）|12 位、14 位、16 位 ADC* 0/2 通道模拟输出 AO（单端）|0 位、12 位、14 位、16 位 DAC* 2 通道 3.5mm 音频输入| 2 通道 3.5mm 音频输出 13 通道数字输入/输出 3 通道直流稳压电源:+12V（200mA）、-12V（200mA）、+5V（400mA） 2 通道程控直流稳压电源
TLA-004/M	适配 NI myDAQ *基于 NI-DAQmx	2 通道模拟输入 AI（差分）|16 位 ADC 2 通道模拟输出 AO（单端）|16 位 DAC 8 通道数字输入/输出 数字万用表 3 通道稳压电源 2 通道程控直流稳压电源
TLA-004/E	适配 NI ELVIS I/II/II+ *基于 NI-DAQmx	8/16 通道模拟输入 AI（差分/单端）|16 位 ADC 2 通道示波器输入|16 位 ADC* 2 通道模拟输出 AO（单端）|16 位 DAC* 1 通道函数信号发生器|10 位 ADC 24 通道数字输入/输出 3 通道稳压电源 2 通道程控直流稳压电源

续表

传感器课程实验 套件型号	适用数据采集卡型号	主 要 参 数
TLA-004/R	适配 NI ELVIS III *基于 NI RT&FPGA	4/8 通道模拟输入 AI（差分/单端）|16 位 ADC 4 通道示波器输入|14 位 ADC 4 通道模拟输出 AO（单端）|16 位 DAC* 2 通道函数信号发生器|14 位 DAC 40 通道数字输入/输出 数字万用表 3 通道直流稳压电源 2 通道程控直流稳压电源
TLA-004Y	适配雨骤科技（雨珠 S）系列数据 采集卡	访问 TLA 虚拟仪器教学资源站获取实验项目详情
TLA-004J	适配简仪科技系列数据采集卡	访问 TLA 虚拟仪器教学资源站获取实验项目详情
TLA-004D	适配 Digilent AD 系列数据采集卡	访问 TLA 虚拟仪器教学资源站获取实验项目详情

*视不同型号而确定。

　　图 6-9-1 所示为 TLA-004/U6 传感器课程实验套件，由 NI 数据采集卡 USB-6009 和传感器课程实验套件板卡构成。板卡搭载了实验电路、信号调理功能模块。表 6-9-2 所示为 TLA-004 传感器课程实验套件项目列表，标识*的内容与数据采集卡选型关联提供。

图 6-9-1　TLA-004/U6 传感器课程实验套件

表 6-9-2　TLA-004/U6 传感器课程实验套件项目列表

序　　号	实 验 名 称
1	光敏电阻特性实验*
2	硅光电池特性实验*

续表

序　号	实 验 名 称
3	光敏二极管特性实验*
4	光敏三极管特性实验*
5	PIN 光电二极管特性实验*
6	基于霍尔 IC 的直流电机转速测量与 PID 控制
7	NTC 热敏电阻测温与 PID 温度控制实验
8	热电偶测温实验
9	AD592 测温与 PID 温度控制实验
10	LM35 测温与 PID 温度控制实验
11	电容式湿敏传感器特性实验
12	金属箔式应变片特性实验
13	驻极体传声器语音信号采集与分析实验
14	光电式液位传感器特性实验*
15	光电式液体浊度传感器特性实验*
16	pH 计传感器测量实验*
17	超声波传感器测距实验*
18	气敏传感器特性实验*
19	加速度传感器特性实验*
20	MEMS 3 轴加速度传感器测量实验*
21	有源传感器扩展实验*
22	无源滤波器特性实验*
23	同相放大器特性实验*
24	反相放大器特性实验*
25	仪器放大器特性实验*
26	电桥电路特性实验*

作为扩展，TLA-004/U6 还额外增加了对 3.5mm 接口音频信号的支持，分别提供模拟音频信号的输入、输出接口，并且增加了直流稳压电源的电流输出能力，使得不支持可编程直流稳压电源的 USB-600x 和 myDAQ 系列也具备足够驱动实验模块所需的负载能力。

实验套件除了硬件板卡，还提供了实验范例程序，可通过 TLA 虚拟仪器教学资源站或者关注公众号"TLA_CHN"等方式获取。

书中所有实验的操作步骤请遵循图 6-9-2 所示的流程图，后面的章节中不再赘述操作流程。

图 6-9-2　TLA-004 传感器课程实验套件实验的操作步骤流程图

第 7 章

直流电动机的转速数据采集

直流电动机是工业生产中使用广泛的旋转机械，转速是旋转机械运转过程中的重要参数，通过对旋转机械转速的测量可以达到监测、合理控制运转装置的目的。

直接测量法，即直接观测机械或电动机的机械运动，测量特定时间内机械旋转的圈数，从而测出机械运动的转速；间接测量法，即测量机械转动导致的其他物理量的变化，通过这些物理量的变化与转速的关系来得到转速。目前国内外常用的测速方法有槽型光耦测速法、霍尔 IC 元件测速法、离心式转速表测速法、测速发电机测速法、漏磁测速法、闪光测速法和振动测速法。

在上述 7 种测速方法中，离心式转速表测速法和测速发电机测速法所用的都是现成的测速仪表，容易得到。但转速表或测速发电机都要与电动机同轴连接，一方面，增加了电动机机组的安装难度；另一方面，有些微型电动机的功率很小，转速表或测速发电机占用了微型电动机大部分功率，甚至有些微型电动机拖不动这些仪表，所以对微型电动机的测速，这两种方法均不适用。

本章以槽型光耦测速法和霍尔 IC 元件测速法为例，讲解如何使用 LabVIEW 和 USB-6009 实现直流电动机转速的测量及程序编写技巧。

7.1 使用槽型光耦测量直流电动机转速

7.1.1 实践要求

- 掌握使用槽型光耦测量直流电动机转速的原理。
- 掌握光电传感器信号的数据采集程序的编写方法。

7.1.2 传感器简介

槽型光耦也称为槽型光电耦合器或槽型光电开关或对射式光电开关，是光电传感器的一种。槽型光耦以光为媒介，以发光体与受光体间的光路遮挡或由反射光的光亮变化为信号检测物体的位置、装置的有无等。本章任务采用了 ITR9606 槽型光耦，其外观如图 7-1-1 所示。

槽型光耦测速法是在电动机转轴附近安装一个小巧的传感器，将电动机的旋转信息通过光借由光电码盘转换为电脉冲信号，通过计算电脉冲的个数获得电动机的转速。使用槽型光耦测量直流电动机转速的原理如图 7-1-2 所示。

图 7-1-1　ITR9606 槽型光耦外观　　　　图 7-1-2　使用槽型光耦测量直流电动机转速的原理

7.1.3　测量原理

转速计算：测速编码数为 M，测量时间为 t（以秒计），测量到的脉冲数为 N，转速 n（以分钟计）为

$$n = 60\frac{N}{t}M$$

在本节的训练中，数据采集卡的模拟输入通道，读取每一个转速脉冲的周期，将周期转换为频率，并将秒换算成分钟，之后除以光电码盘透光缝的数量（6 条缝），进而得到直流电动机每分钟的转速（RPM）。

7.1.4　动手实践

受限于篇幅，可以访问 TLA 虚拟仪器教学资源站下载实践所需的材料资源包（面包板仿真资源、元器件 Datasheet 资料、教学幻灯片）。

1. 测量程序实现思路

将上述的测量原理、转速的计算方法转换为 LabVIEW 编写的数据采集程序，可以参看图 7-1-3 所示的流程。

图 7-1-3　电动机转速测量的 LabVIEW 编程流程

2. 元器件

（1）F130 型直流电动机：F130 型直流电动机是一种小型有刷直流电动机，体积小、质量轻（18g 左右），常用于玩具智能车的动力供应，图 7-1-4 所示为 F130 型直流电动机的外部、内部零部件分布情况。一般情况下使用 3V 直流电源为其供电，即使用 2 节 5 号电池供电。

F130 型直流电动机有多种型号,如 F130-15120 型电动机在 3V 直流电流供电时可提供 12000 r/min 的转速。显然 12000 r/min 的转速对于测量练习显得过高,因此实验中我们选用了 1000～6000 r/min 的 F130 型定制直流电动机,有利于电动机在 1～5V 直流电压变化时转速平稳可调。

图 7-1-4　F130 型直流电动机的外部、内部零部件分布情况

（2）光电码盘：需安装在 F130 型直流电动机的转轴上,与之配合才能实现测量转速的目的,单独使用光电码盘是毫无意义的。图 7-1-5 所示为安装在 F130 型直流电动机转轴上的光电码盘。

图 7-1-5　安装在 F130 型直流电动机转轴上的光电码盘

（3）ITR9606 槽型光耦：由一个红外发光二极管和一个 NPN 型硅光电三极管组成,共有 4 个引脚,常用于鼠标、扫描仪开关、软磁盘驱动器、非接触式开关等。独立使用 ITR9606 槽型光耦是没有意义的,它需与电动机、光电码盘配合使用才能实现测量目的。图 7-1-6 所示为 ITR9606 槽型光耦的引脚分布及 ITR9606 槽型光耦、光电码盘、F130 型直流电动机的安装位置。

图 7-1-6　ITR9606 槽型光耦的引脚分布及 ITR9606 槽型光耦、光电码盘、F130 型直流电动机的安装位置

3．实验硬件准备

找到 TLA-004 传感器课程实验套件的 3#模块,确认并准备使用槽型光耦测量直流电动机转速所需的器件。

4．实验电路连线

参看图 7-1-7,在 TLA-004 传感器课程实验套件上使用面包板导线连线。表 7-1-1 所示为接线图接线端注释。

图 7-1-7　实验硬件连线图

表 7-1-1　接线图接线端注释

接　线　端	注　释	备　注
P302→+V	直流电动机电源接线端	接+5V，表示电动机接通+5V 直流电源供电
P301→+5V	槽型光耦电路正电源接线端	
P301→GND	槽型光耦电路地接线端	与电动机电源的地接线端共地
J301→OUT	槽型光耦电路输出信号正接线端	连接至数据采集卡的模拟输入+接线端
J301→GND	槽型光耦电路输出信号地接线端	连接至数据采集卡的模拟输入地接线端

5．编程练习

【练习 7-1】

参看图 7-1-8，使用 DAQ 助手编写程序，用 AO 输出直流电压（+1.5V）为直流电动机供电，槽型光耦输出的转速脉冲信号则由 AI 测量。并尝试增加 PID 控制功能，实现基于 LabVIEW PID 工具包的直流电动机转速调节功能。

（a）Express VI 模拟输出部分

图 7-1-8　使用 DAQ 助手编写程序示范

（b）Express VI 模拟输入部分

（c）Express VI 模拟输入+模拟输出+编程结构+输出结果

图 7-1-8　使用 DAQ 助手编写程序示范（续）

当使用 DAQmx 方式编程时，可参考图 7-1-9 所示的程序框图（前面板可自行设计）实现 AO 输出直流电压驱动直流电动机、AI 测量槽型光耦转速脉冲信号。该程序框图可简单地分为上下两部分，分别对应 AI 数据采集和 AO 数据采集。

图 7-1-9　DAQmx 方式编程示范

6．想一想

在连线前，注意观察套件电路板上接线柱的丝印标记。例如，电源的"+"接线柱和"–"接线柱，AI（模拟信号输入）差分接线方式的"+"接线柱和"–"接线柱。思考下列问题：

（1）电动机电源接反极性会有什么后果？

（2）J301 接线柱接反极性会有什么后果？

7.2 使用霍尔 IC 测量直流电动机转速

7.2.1 实践要求

- 掌握使用霍尔 IC 测量直流电动机转速的原理。
- 掌握霍尔 IC 信号的数据采集程序的编写方法。

7.2.2 传感器简介

当一块通有电流的金属或半导体薄片垂直地放在磁场中时，薄片的两端会产生电位差，这种现象就称为霍尔效应。两端具有的电位差称为霍尔电势 U，其表达式为 $U=KIB/d$。式中，K 为霍尔系数，I 为薄片中通过的电流，B 为外加磁场（洛伦兹力）的磁感应强度，d 为薄片的厚度，霍尔效应原理如图 7-2-1 所示。由此可见，霍尔效应的灵敏度高低与外加磁场的磁感应强度成正比。霍尔 IC 又称为霍尔开关，是利用霍尔效应制成的有源磁电转换器件，它是在霍尔效应原理的基础上，利用集成封装和组装工艺制作而成的，它可方便地把磁输入信号转换成实际应用中的电信号，同时又具备在工业场合实际应用中易操作和可靠性高的特性。

霍尔 IC 的输入端是以磁感应强度 B 来表示的，当 B 值达到一定的程度时，霍尔 IC 内部的触发器翻转，霍尔 IC 的输出电平状态也随之翻转。输出端一般采用晶体管输出，和接近开关类似，有 NPN、PNP、常开型、常闭型、锁存型（双极性）、双信号输出之分。本实验采用的是 Allegro 公司的 A1102 型单极霍尔 IC，它有 3 个引脚，分别为 VCC（电源引脚，接+5V）、GND（地引脚）、OUT（传感器电压信号输出引脚），霍尔 IC 引脚如图 7-2-2 所示。

图 7-2-1　霍尔效应原理　　　　　　　　图 7-2-2　霍尔 IC 引脚

霍尔 IC 具有无触点、低功耗、长使用寿命、高响应频率等特点，内部采用环氧树脂封灌成一体，能在恶劣环境下可靠地工作。

7.2.3 测量原理

霍尔 IC 元件测速法和槽型光耦测速法的测速方法基本类似，霍尔 IC 元件测速法是在电动机转轴上安装一个随电动机转轴旋转的光电码盘，并在光电码盘上安装一个小磁铁，电动机转动的同时，小磁铁也随之转动。同时在光电码盘的附近固定安装一个霍尔 IC，能够接收光电码盘上小磁铁旋转所带来的磁场变化，电动机的旋转信息经由霍尔 IC 转换为电信号，通过计算脉冲的个数可获得电动机的转速。使用霍尔 IC 测量转速的装置示意图如图 7-2-3 所示。

安装在电动机转轴上的光电码盘

霍尔IC

安装在光电码盘上的小磁铁

图 7-2-3　使用霍尔 IC 测量转速的装置示意图

单极霍尔 IC（数字输出）具有磁性工作阈值。当磁通密度高于工作阈值 B_{op} 时，输出晶体管会开启；当磁通密度低于工作阈值（B_{rp}）时，输出晶体管会关闭。滞后（B_{hys}）是 B_{op} 和 B_{rp} 之间的差值。即使存在外部机械振动及电气噪声，此内置滞后也可实现输出的净切换。单极霍尔 IC 的数字输出可适应各种逻辑系统。只有单极霍尔 IC 的正反面各指定一个磁极感应才会有作用，在具体应用中应该注意磁铁的极性。

转速计算：若测速编码数为 M，测量时间为 t（以秒计），测量到的脉冲数为 N，则转速 n（以分钟计）为

$$n = 60\frac{N}{t}M$$

在本节的训练中，LabVIEW 采用了计算每一个转速脉冲周期的方法，将周期转换为频率，并将秒换算成分钟，再除以每一圈光电码盘计数个数（1），就得到了直流电动机每分钟的转速（RPM）。

7.2.4　动手实践

1．测量程序实现思路

参看图 7-2-4 所示的流程，将上述的测量原理、转速的计算方法转换为 LabVIEW 编写的数据采集程序。

图 7-2-4　电动机转速测量的 LabVIEW 编程流程

2．元器件

（1）F130 型直流电动机：与使用槽型光耦测量电动机转速使用的型号相同，不再重复介绍。

（2）光电码盘：与使用槽型光耦测量电动机转速所用的光电码盘相同，光电码盘上安装一个小磁铁，霍尔 IC 光电码盘如图 7-2-5 所示。

小磁铁 ➡

图 7-2-5　霍尔 IC 光电码盘

（3）霍尔 IC：A1102 型单极霍尔 IC 共有 3 个引脚，其测量原理图如 7-2-6 所示。

图 7-2-6　A1102 型单极霍尔 IC 测量原理图

3．实验硬件准备

找到 TLA-004 传感器课程实验套件的 4#模块，确认并准备使用霍尔 IC 测量直流电动机转速所需的器件。

4．实验电路连线

参看图 7-2-7，在 TLA-004 传感器课程实验套件上使用面包板导线连线。表 7-2-1 所示为接线图接线端注释。

图 7-2-7　实验硬件连线图

表 7-2-1　接线图接线端注释

接　线　端	注　释	备　注
P302→+V	直流电动机电源接线端	接+5V，表示电动机接通+5V 直流电源供电 接 VPS 0，表示电动机接通可编程电源
P401→+5V	霍尔 IC 电路正电源接线端	
P401→GND	霍尔 IC 电路地接线端	与电动机电源的地接线端共地
J401→OUT	霍尔 IC 电路输出信号正接线端	连接至数据采集卡的模拟输入+接线端
J401→GND	霍尔 IC 电路输出信号地接线端	连接至数据采集卡的模拟输入地接线端

5．编程练习

【练习7-2】

使用 DAQ 助手编写程序，用 AO 输出直流电压为直流电动机供电，霍尔 IC 输出的转速脉冲信号则由 AI 测量。并尝试增加 PID 控制功能，实现基于 LabVIEW PID 工具包的直流电动机转速调节功能。

当使用 DAQmx 方式编程时，可参考图 7-2-8 所示的程序框图（前面板可自行设计）实现 AO 输出直流电压驱动直流电动机、AI 测量霍尔 IC 转速脉冲信号。

图 7-2-8　DAQmx 方式编程示范

6．想一想

在连线之前，注意观察套件电路板上接线柱的丝印标记。例如，电源的"+"接线柱和"−"接线柱，AI（模拟信号输入）差分接线方式的"+"接线柱和"−"接线柱。思考下列问题：

（1）能否不顾极性随便连接 P401 接线柱？

（2）J401 接线柱接反极性会有什么后果？

（3）电动机电源接线柱连接直流稳压电源接线柱是否可行？会出现什么现象？

（4）若将单极霍尔 IC 换为双极霍尔 IC，则在实验过程中需要注意哪些问题？

第 **8** 章

温度传感器测量任务

温度是表示物体冷热程度的物理量。温度与人类的生活、工农业生产和科学研究有着密切的关系。随着科学技术水平的不断发展，温度测量技术不断地发展，温度测量的精度也在逐渐提高。

测量温度时，将温度计与被测系统接触，经过一段时间后它们达到热平衡，这时温度计的温度等于被测系统的温度。一个标准大气压下冰水混合物的温度规定为 $0℃$，沸水的温度规定为 $100℃$。

按测量原理分类，温度测量可分为接触式测温和非接触式测温两种方式。本章主要讨论的是接触式测温方式中的电量式测温方法。电量式测温方法主要利用材料的电势、电阻值或其他电性能与温度的单值关系进行温度测量，包括热电偶温度测量、热电阻和热敏电阻温度测量、集成芯片温度测量等。

8.1 使用集成温度传感器测量温度

8.1.1 实践要求

- 掌握使用集成温度传感器（电流型）测温的原理。
- 掌握使用 AD592 集成温度传感器测量温度的数据采集程序的编写方法。

8.1.2 传感器简介

集成温度传感器是利用晶体管 PN 结的伏安特性与温度的关系制成的一种固态传感器。它是把 PN 结及其辅助电路集成在同一个芯片上完成温度测量及信号输出功能的专用集成电路，突出优点是有理想的线性输出、体积小。由于 PN 结受耐热性能和特性范围的限制，集成温度传感器只能用来测 150℃以下的温度。

集成温度传感器可分为模拟式集成温度传感器、逻辑输出集成温度传感器和数字式集成温度传感器，其中模拟式集成温度传感器又分为电压型集成温度传感器和电流型集成温度传感器。

AD592 集成温度传感器是一款双端单芯片集成电路温度传感器，其输出电流与热力学温度成比例。在宽电源电压范围内，该器件可充当一个高阻抗、1μA/K 温度相关电流源。AD592 集成温度传感器可用于−25～105℃，可胜任常规温度传感器（热敏电阻、RTD、热电偶和二极管等）使用的场合。AD592 集成温度传感器采用塑封封装，具有单芯片集成电路固有的低成本优势，而且应用的总器件数非常少，因此 AD592 集成温度传感器是目前性价比较高的温度传感器。使用 AD592 集成温度传感器时，无须昂贵的线性化电路、精密的基准电压源、电桥器件、电阻测量电路和冷端补偿。AD592 集成温度传感器外观及封装如图 8-1-1 所示，其温度-电流关系曲线如图 8-1-2 所示。

图 8-1-1　AD592 集成温度传感器外观及封装　　图 8-1-2　AD592 集成温度传感器的温度-电流关系曲线

8.1.3　测量原理

AD592 集成温度传感器流过器件的电流（μA）值等于器件所处环境的热力学温度（开尔文）值，即

$$I_r/T=1$$

（1）I_r 是流过器件 AD592（AD590）的电流，单位为 μA；T 是热力学温度，单位为 K。利用这一特性，AD592 集成温度传感器可以准确地将电流换算为温度。

（2）AD592 集成温度传感器的输出电流以温度的绝对零度（−273.15℃）为基准，温度每增加 1K，它会增加 1μA 输出电流，因此在室温 25℃时，其输出电流 I_{out}=（273+25）μA=298μA。因此测量到的电压可换算为（273+T）μA×10kΩ=（2.73+T/100）V。

图 8-1-3　AD592 集成温度传感器电流-电压转换输出原理图

8.1.4　基本电路

图 8-1-3 所示为 AD592 集成温度传感器电流-电压转换输出原理图，AD592 集成温度传感器的"−"极输出的是电流信号，通过 1kΩ 电位器和 9.1kΩ 电阻的组合，可

精确调整达到 10kΩ 阻值，便于代入公式换算。若采用阻值为 910Ω 和 100Ω 的电位器组合，构成 1kΩ 阻值，则输出电压为 1mV/K。构成的阻值较小，因电阻带来的电流损耗也会小，从而温度换算也更为精确。由于 100Ω 的立式电位器不易获得，此处选择 1kΩ 的立式电位器。

8.1.5 动手实践

受限于篇幅，可以访问 TLA 虚拟仪器教学资源站下载实践所需的材料资源包（面包板仿真资源、元器件 Datasheet 资料、教学幻灯片）。

1．测量程序编写思路

关于图 8-1-3 所示的 V_{out} 端输出电压，可以通过电压表或示波器进行测量，本节训练将通过 USB-6009 数据采集卡测量 V_{out} 端输出电压。读取 AD592 集成温度传感器的输出电压 V_{out}，通过 V–T 公式换算得到温度。

LabVIEW 编写数据采集程序的思路可参考图 8-1-4 所示的流程。

图 8-1-4　LabVIEW 编程流程

2．元器件

（1）AD592 集成温度传感器：ADI 生产的电流型集成温度传感器，AD592 和 AD590 外围电路相同，均可使用。

（2）9.1kΩ 电阻（1/4W、1% 精度）和 9 型立式 1kΩ 电位器：两者构成温度测量电路所需的 10kΩ 基准电阻。若要获得更精确的测量结果，则还可使用 950Ω（高精度电阻）和 100Ω 3296 型多圈可调电位器，组成 1kΩ 基准电阻（换算时需要更换公式）。

3．实验硬件准备

找到 TLA-004 传感器课程实验套件的 9# 模块，确认并准备使用 AD592 集成温度传感器测量温度所需的器件。

4．实验电路连线

参看图 8-1-5，在 TLA-004 传感器课程实验套件上使用面包板导线连线。表 8-1-1 所示为接线图接线端注释。

提示：测量 J901 与 J902 之间的电阻值时，请确保 P901 未连接电源。

图 8-1-5　连线图

表 8-1-1 接线图接线端注释

接 线 端	注 释	备 注
P901→+12V	AD592 集成温度传感器供电电源接线端	接+12V，为 AD592 集成温度传感器提供直流电源
P901→GND	AD592 集成温度传感器供电地接线端	接 GND，为 AD592 集成温度传感器提供电源地
J901	10kΩ 取样电阻接线端 1	
J902	10kΩ 取样电阻接线端 2	

5. 编程练习

【练习 8-1】

参看图 8-1-6，使用 DAQ 助手编写程序，设计温度换算公式，实现使用 AD592 集成温度传感器测温的实验程序。

图 8-1-6 使用 AD592 集成温度传感器测温的实验程序（DAQ 助手方式）

6. 想一想

在连线之前断开电源并思考下列问题：

（1）测量电阻值时不断开电源，会产生什么样严重的后果？

（2）P901 电源使用+5V 供电，能正常完成温度测量任务吗？

8.2 使用热电偶测量温度

8.2.1 实践要求

- 掌握使用热电偶测温的原理。
- 掌握使用热电偶测温的数据采集程序的编写方法。

8.2.2 传感器简介

热电偶（Thermocouple）是根据热电效应制成的温度传感器，简称 TC。热电偶可以直接测量温度，并把温度信号转换成热电动势信号，通过电气仪表（二次仪表）转换成被测介质的温度。各种热电偶的外形常因需要不同而不同，但是它们的基本结构却大致相同，通常由热电极、绝缘套保护管和接线盒等主要部分组成。热电偶通常和显示仪表、记录仪表及电子调节器配套使用。热电偶是工业上最常用的温度传感器之一。

热电偶作为温度测量的主要测量手段，用途十分广泛，因而对固定装置和技术性能有多种要求，根据固定装置的不同，热电偶分为无固定装置式热电偶、螺纹式热电偶、固定法兰式热电偶、活动法兰式热电偶、活动法兰角尺式热电偶、锥形保护管式热电偶。

根据热电偶性能结构的不同，热电偶又可分为可拆卸式热电偶、防爆式热电偶、铠装式热电偶和压弹簧固定式热电偶等特殊用途的热电偶，根据性能结构分类的常见热电偶如图 8-2-1 所示。铠装式热电偶（缆式热电偶）是一种常见的热电偶，它是将热电极、绝缘材料连同保护管一起拉制成形，经焊接密封和装配等工艺制成的坚实的组合体。图 8-2-2 列出了使用热电偶测温的基本特点。

可拆卸式热电偶　　防爆式热电偶　　压弹簧固定式热电偶　　铠装式热电偶

图 8-2-1　根据性能结构分类的常见热电偶

图 8-2-2　使用热电偶测温的基本特点

8.2.3　测量原理

1. 热电效应

当两种不同成分的导体 A 和 B 组成一个回路，其两端相互连接时，若两接点处的温度不同，则一端温度为 t，称为工作端或热端，另一端温度为 t_0，称为自由端（也称为参考端或冷端）。回路中将产生一个电动势，该电动势的方向和大小与导体的材料及两接点的温度有关，这种现象称为热电效应，也称为塞贝克效应。两种导体组成的回路称为热电偶，这两种导体称为热电极，产生的电动势则称为热电动势。热电效应原理与热电偶电极示意图如图 8-2-3 所示。

图 8-2-3　热电效应原理与热电偶电极示意图

根据热电动势与温度的函数关系，可以制成热电偶分度表。分度表是在冷端温度为 0℃

的条件下得到的，不同的热电偶具有不同的分度表。热电动势的大小只与热电偶导体材质及两端温差有关，与热电偶导体的长度、直径无关。

热电动势由两部分电动势组成：一部分是两种导体的接触电动势；另一部分是单一导体的温差电动势。当热电偶两电极材料固定后，热电动势便是两接点温度 t 和 t_0 的函数差，即

$$E_{AB}(t,\ t_0)=f(t)-f(t_0)$$

这一关系式在实际测温中得到了广泛应用。因为冷端 t_0 恒定，热电偶产生的热电动势只随热端温度的变化而变化，即一定的热电动势对应着一定的温度。我们只要使用测量热电动势的方法就可达到测温的目的。

若在热电偶回路中接入第三种金属，则只要该材料两个接点的温度相同，热电偶产生的热电动势将保持不变，即不受第三种金属接入回路的影响。在此种情况下用热电偶测温，可接入测量仪表，测得热电动势后，即可知道被测介质的温度。

2．使用补偿导线

由于热电偶的材料一般都比较贵重（特别是采用贵金属时），当测温点到仪表的距离较远时，为了节省热电偶材料、降低成本，通常用补偿导线把热电偶的冷端延伸到温度比较稳定的控制室内，再连接到仪表端子上。

热电偶补偿导线只起延伸热电极的作用，使热电偶的冷端移动到测量装置的端子上，它本身并不能消除冷端温度变化对测温的影响，不起补偿作用。因此，还需采用其他修正方法来补偿冷端温度（$t_0\neq0℃$）对测温的影响。使用热电偶补偿导线时，应注意型号匹配、极性不能接错、补偿导线与热电偶连接端的温度差不能超过 100℃。

3．冷端补偿

热电偶测量温度时要求其冷端（测量端为热端，通过引线与测量电路连接的一端称为冷端）的温度保持不变，其热电动势大小才与测量温度呈一定的比例关系。若测量时，冷端的（环境）温度发生变化，则将严重影响测量的准确性。

在此种情况下冷端需采取一定措施，补偿由于冷端温度变化造成的影响，该措施称为热电偶的冷端补偿。

热电偶冷端补偿计算方法如下。

毫伏→温度：测量冷端温度，换算为对应毫伏值，与热电偶的热端输出毫伏值相加后查表，得到温度。

4．分度表

常用热电偶可分为标准热电偶和非标准热电偶两大类。标准热电偶是指国家标准规定了其热动电势与温度的关系、允许误差、并有统一的标准分度表的热电偶，它有与其配套的显示仪表可供选用。非标准热电偶在使用范围或数量级上均不及标准热电偶，一般也没有统一的分度表，主要用于某些特殊场合的测量。从 1988 年 1 月 1 日起，我国的热电偶和热电阻全

部按 IEC 国际标准生产，并指定 S、B、E、K、N、R、J、T 八种标准化热电偶为我国统一设计型热电偶，八种热电偶参数如表 8-2-1 所示。几种热电偶温度特性曲线如图 8-2-4 所示。K型热电偶分度表可访问 TLA 虚拟仪器教学资源站下载。

表 8-2-1　八种热电偶参数

ANSI 代码	合 金 组 合	温度范围	电压输出范围
B	铂-铑	0～1700℃	0～12.426mV
E	镍铬-康铜	−200～900℃	−8.824～68.783mV
J	铁-康铜	0～750℃	0～42.283mV
K	镍铬-镍硅	−200～1250℃	−5.973～50.633mV
N	镍铬硅-镍硅	−270～1300℃	−4.345～47.502mV
R	铂-铂铑合金	0～1450℃	0～16.741mV
S	铂-铂铑合金	0～1450℃	0～14.973mV
T	铜-康铜	−200～350℃	−5.602～7.816mV

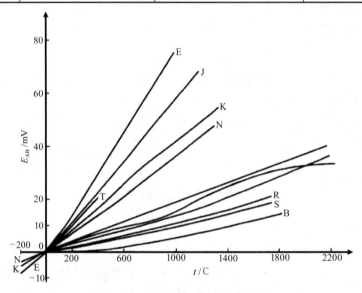

图 8-2-4　几种热电偶温度特性曲线

8.2.4　基本电路

　　尽管通过查表法能够很容易地将热电偶产生的电压换算成精确的温度，但实际测量过程并不是这么轻松。导致该问题的原因很多，如电压信号太微弱、温度与电压呈非线性关系（见图 8-2-4），需要冷端补偿，且热电偶可能引起接地问题。在实际测量中需要通过一系列的信号调理手段将这些问题逐一解决。

　　电压信号太微弱：最为常见的热电偶类型有 J 型、K 型和 T 型。在室温下，它们的塞贝克系数分别为 52μV/℃、41μV/℃和41μV/℃。其他较少见类型的塞贝克系数甚至更小。这种微弱的信号在模数转换前需要较高的增益。表 8-2-2 比较了 25℃时 7 种热电偶类型的塞贝克系数。

表 8-2-2　25℃时 7 种热电偶类型的塞贝克系数

热电偶类型	塞贝克系数（μV/℃）
E	61
J	52
K	41
N	27
R	9
S	6
T	41

1．仪器放大器

查询 K 型热电偶分度表可知 19℃对应的输出电压为 0.758mV，这是个非常小的电压值，若使用分辨率较低的仪器测量，则必将引入误差，误差可能是数毫伏甚至更大，随之而来的温度测量结果也就不准确了。

仪器放大器具有良好的共模抑制性能，可满足热电偶微弱信号放大应用的需求。热电偶的微弱信号一般需要至少 100 倍的增益，增益 1000 倍最佳，实践中可供选择的仪器放大器型号有很多，如 INA102（已停产）、AD620、CLC1200 等，这几种型号的仪器放大器内部均采用如图 8-2-5 所示的 3 运算放大器基本结构。

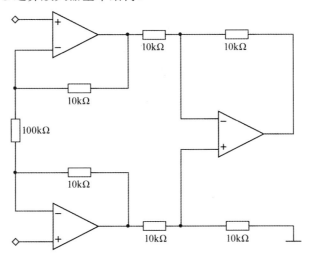

图 8-2-5　典型 3 运算放大器基本结构构成的仪器放大器

2．滤波器

围绕微弱信号放大的一个经典问题是信号先放大还是先滤波。在实际的应用场合中，热电偶的引线会引入较多的射频噪声干扰，微弱的热电偶电压信号会淹没在这样的噪声信号中。根据分析及实际应用经验，我们在仪器放大器之前使用了 RFI 滤波器，用于滤除射频噪声（16kHz 以上）。增益后的信号，还需要使用滤波器滤除 50Hz 或 60Hz 工频噪声。应用在仪器放大器之前的滤波器原理图如图 8-2-6 所示。

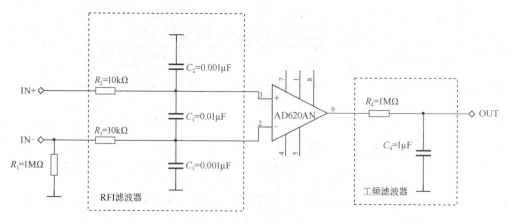

图 8-2-6　应用在仪器放大器之前的滤波器原理图

3．冷端补偿

对于热电偶的冷端补偿问题，实际上需要知道热电偶冷端的实际温度是多少。简单的方法是把冷端放在冰水混合物（0℃）中。图 8-2-7 描述了热电偶一端处于未知温度，另一端处于 0℃的冷端补偿电路。几乎所有的热电偶分度表都使用 0℃作为参考温度。

图 8-2-7　冷端补偿电路

4．线性化

由于热电偶温度与热电动势并不呈线性关系，K 型热电偶在 300℃附近时输出热电动势的非线性较为明显，最大误差达到 1%，不仅 K 型热电偶存在此现象，其他型号的热电偶也存在此现象。对此应进行线性化处理，硬件电路计算方法和软件计算方法均可实现线性化处理。线性化方法分类如图 8-2-8 所示。

图 8-2-8　线性化方法分类

（1）较为理想的硬件电路计算方法可通过 AD538 集成电路来实现，该集成电路为实时计算电路提供精确的模拟乘法、除法和指数运算功能。AD538 集成电路具有低输入和输出失调电压及出色的线性度，可以在非常宽的输入动态范围内执行精确运算。

（2）软件计算方法有查表法和曲线拟合法两种。查表法的实质是将分度表保存在微控制器的存储器中，缺点是占用内存太大。曲线拟合法是利用热电动势与温度的函数关系，通过公式计算实现的。在 LabVIEW 中编写曲线拟合程序也可达到此目的。

5．基准点补偿

由于冷端补偿方法（见图 8-2-7）需要将冷端温度保持为 0℃，这在实际测量中极不方便。可将此方法改进，若知道冷端的实际温度，则将热电偶的输出电压减去冷端的实际温度，也可同样实现冷端补偿。基准点补偿如图 8-2-9 所示。

图 8-2-9　基准点补偿

6．信号调理集成电路解决方案

上述内容讲述的是采用不同方法、模块组成的热电偶信号调理步骤，目前 AD、MAXIM 等公司还提供了易于使用的信号调理集成电路解决方案，如 AD594（J 型热电偶）/AD595（K 型热电偶）集成电路提供了冷端补偿、放大、断线检测功能。AD594/AD595 集成电路功能框图如图 8-2-10 所示。

图 8-2-10　AD594/AD595 集成电路功能框图

8.2.5　动手实践

受限于篇幅，可以访问 TLA 虚拟仪器教学资源站下载实践所需的材料资源包（面包板仿真资源、元器件 Datasheet 资料、教学幻灯片）。

1．测量程序编写思路

和使用 AD592 集成温度传感器测量温度有所区别，使用热电偶测温除了要测量热电偶输出的微弱电压信号，还需要对冷端补偿的数据进行采集。换言之，使用 AD592 集成温度传感器测量温度只使用 1 个模拟输入通道，而使用带 CJC 的热电偶测量温度需要使用 2 个模拟输入通道。

LabVIEW 编写数据采集程序的思路可参考图 8-2-11 所示的流程。

图 8-2-11　LabVIEW 编程流程

2．元器件

（1）K 型热电偶：测量温度所需的温度传感器，选择 K 型铠装式热电偶即可。

（2）运算放大器：多种仪器运算放大器如 TI 的 INA102、ADI 的 AD620、MaxLinear 的 CLC1200 都可用于热电偶的微弱信号放大，这些运算放大器具有很高的共模抑制比，有些型号通过简单配置可实现×1、×10、×100、×1000 的增益，使用方便。此外，使用 3 个独立的精密运算放大器构成的分立结构实现全差分运算放大器也能够满足实验需求。AD620 运算放大器引脚如图 8-2-12 所示。

图 8-2-12　AD620 运算放大器引脚

（3）滤波器：由电阻和电容构成的滤波电路，结构简单、抗干扰能力强，容易选择标准的阻容元件。

3．实验硬件准备

找到 TLA-004 传感器课程实验套件的 4#和 9#模块，确认并准备使用热电偶测量温度所需的器件。

4．实验电路连线

参看图 8-2-13，在 TLA-004 传感器课程实验套件上使用面包板导线连线。表 8-2-3 所示为接线图接线端注释。

图 8-2-13　实验硬件连线图（不含冷端补偿）

表 8-2-3 接线图接线端注释

接 线 端	注 释	备 注
P201→+12V	3OP 结构全差分放大器电源接线端	接+12V,为全差分放大器提供+12V 电源
P201→GND	3OP 结构全差分放大器电源接线端	接 GND,为全差分放大器提供 GND
P201→-12V	3OP 结构全差分放大器电源接线端	接-12V,为全差分放大器提供-12V 电源
J200E→1	热电偶接线端 1	连接热电偶的+极
J200E→2	热电偶接线端 2	连接热电偶的-极
J201E→1	热电偶前置滤波器输出接线端 1	与热电偶前置滤波器输出接线端 1 相连,无须实际连线
J201E→2	热电偶前置滤波器输出接线端 2	热电偶前置滤波器输出接线端 2,电路板此处已经实际连线,实验时无须重复连线
J201D→+IN	3OP 结构全差分放大器+同相输入端	与热电偶前置滤波器输出接线端 1 相连,无须实际连线
J202D→-IN	3OP 结构全差分放大器-反相输入端	热电偶前置滤波器输出接线端 2,电路板此处已经实际连线,实验时无须重复连线
J203D	3OP 结构全差分放大器+输出端	可连接数据采集卡模拟输入通道+极
J204D	3OP 结构全差分放大器 GND 输出端	可连接数据采集卡模拟输入通道-极
S201D	3OP 结构全差分放大器增益开关	可选 100、1000、10000 倍增益

5. 编程练习

【练习 8-2】

参看图 8-2-14,使用 DAQ 助手编写程序,设计温度换算公式,实现使用带冷端补偿(AD592 集成电路)的 K 型热电偶测温的实验程序。

图 8-2-14 DAQ 助手编写的实验程序（含 CJC）

提示:NI 数据采集卡对于是否具有 CJC 冷端补偿的适配,提供了 3 种专用设置选项。对于 USB-600x 系列、myDAQ 这些通用型号,本书选择 2 个模拟输入通道实现带有冷端补偿的热电偶温度采集。

6. 想一想

（1）对热电偶输出的微弱热电动势信号应该是先放大再滤波，还是先滤波再放大？

（2）如何计算与运算放大器放大倍数相关的电阻值 R_G？

8.3 使用 NTC 热敏电阻温度传感器测量温度

8.3.1 实践要求

- 掌握使用 NTC 热敏电阻温度传感器测温的原理。
- 掌握使用 NTC 热敏电阻温度传感器测量温度的数据采集程序的编写方法。

8.3.2 传感器简介

热敏电阻顾名思义就是对温度敏感的电阻。其电阻值随着温度的变化而发生变化，热敏电阻温度传感器按照温度系数不同分为正温度系数（PTC）热敏电阻温度传感器和负温度系数（NTC）热敏电阻温度传感器。PTC 热敏电阻温度传感器在温度越高时电阻值越大，NTC 热敏电阻温度传感器在温度越高时电阻值越小，它们都属于半导体器件。热敏电阻温度传感器的特点如图 8-3-1 所示。

图 8-3-1　热敏电阻温度传感器的特点

PTC 热敏电阻常用于过流保护，其中高分子 PTC 热敏电阻又经常被人们称为自恢复熔断器，由于它具有独特的 PTC 热敏电阻特性，因此它极为适合用作过流保护器件。高分子 PTC 热敏电阻的使用方法与普通熔断器类似，串联在电路中使用。由于高分子 PTC 热敏电阻的电阻值可恢复，因此可以重复多次使用。

NTC 热敏电阻泛指 NTC 很大的半导体材料或元器件，它是以锰、钴、镍和铜等金属氧化物为主要材料，采用陶瓷工艺制造而成的。这些金属氧化物材料都具有半导体性质，因为在导电方式上完全类似锗、硅等半导体材料。温度低时，这些金属氧化物材料的载流子（电子和孔穴）数目少，所以其电阻值较高；随着温度的升高，载流子数目增加，所以电阻值降低。NTC 热敏电阻在室温下的变化范围在 100～1000000Ω，温度系数为-6.5%～-2%。NTC

热敏电阻温度传感器可广泛应用于温度测量、温度补偿、抑制浪涌电流等场合。几种常见的热敏电阻温度传感器如图 8-3-2 所示。

环氧系列　　　环氧系列　　　玻封（二极管型）　　　防水型

图 8-3-2　几种常见的热敏电阻温度传感器

8.3.3　测量原理

热敏电阻温度传感器的电阻-温度特性可用公式表示为

$$R_T = R_0 \exp B\left(\frac{1}{T} - \frac{1}{T_0}\right)$$

式中，T_0 表示基准温度（K），与实际温度无关，通常将该温度规定为 0℃或室温 25℃；R_T 表示在温度 T（K）时的 NTC 热敏电阻温度传感器的电阻值，采用引起电阻值变化相对于总的测量误差来说可以忽略不计的测量功率测得的电阻值；R_0 表示在规定温度 T_0（K）时的 NTC 热敏电阻温度传感器的电阻值；B 表示 T 和 T_0 两温度之间电阻值变化的常数（NTC 热敏电阻温度传感器的材料常数），又称为热敏指数，该值越大表明每变化 1℃引起的电阻值变化越大；exp 表示以自然数 e 为底的指数，e=2.71828……。R_{25}（额定零功率电阻值）：根据国标规定，额定零功率电阻值是 NTC 热敏电阻温度传感器在基准温度 25℃时测得的电阻值 R_{25}，这个电阻值就是 NTC 热敏电阻温度传感器的标称电阻值。

该式是经验公式，只在额定温度 T_0 或额定电阻值 R_0 的有限范围内才具有一定的精确度，因为材料常数 B 本身也是温度 T 的函数，NTC 热敏电阻温度传感器的温度-电阻特性曲线如图 8-3-3 所示。这也意味着测量热敏电阻温度传感器的电阻值，可以通过公式换算得到想测的温度。

图 8-3-3　NTC 热敏电阻温度传感器的温度-电阻特性曲线

材料常数（热敏指数）B 被定义为

$$B = \frac{T_1 T_2}{T_2 - T_1} \ln \frac{R_{T_1}}{R_{T_2}}$$

式中，R_{T_1} 表示温度 T_1（K）时的零功率电阻值；R_{T_2} 表示温度 T_2（K）时的零功率电阻值；T_1、T_2 表示两个被指定的温度（K）。

由该公式可知，B 值可由任意两个温度之间的电阻值测得，通常两个温度可设置为 25℃ 和 85℃，或者 0℃ 和 100℃。为了显示 B 值的测量温度，也可记为 $B_{25/85℃}$。

常用的 NTC 热敏电阻温度传感器，其 B 值范围一般为 2000～6000K。B 值越大，NTC 热敏电阻温度传感器的灵敏度越高。

零功率电阻温度系数（α）为在规定温度下，NTC 热敏电阻温度传感器的零功率电阻值的相对变化与引起该变化的温度变化值的比值。

$$\alpha = \frac{1}{R_T} \frac{\mathrm{d}R_T}{\mathrm{d}T} = -\frac{B}{T^2}$$

式中，α 表示温度 T（K）时的零功率电阻温度系数；R_T 表示温度 T（K）时的零功率电阻值；T 表示温度（K）；B 表示材料常数。

B 通常认为是恒定不变的常数，而在实际情况中 B 值会随温度升高而增大。尤其是电阻值较小的热敏电阻，B 值将在超过某个温度后开始增大。所以在实际使用中 B 值是存在变化的，若要在高精度场合使用，则需要对热敏电阻温度传感器的电阻-温度特性计算公式进行补偿。

耗散系数（δ）：由于热敏电阻温度传感器在工作时会有电压、电流经过，因此将产生热量，从而影响测量温度的变化。在规定环境温度下，NTC 热敏电阻温度传感器的耗散系数是电阻中耗散的功率变化与电阻体相应的温度变化的比值。

对于精度要求高的场合，必须尽可能减小热敏电阻自身发热带来的影响，可采取降低输入电压的方法，但会导致输出电压降低。建议在选用电阻值大的热敏电阻温度传感器的同时降低其自身消耗功率。

$$\delta = \frac{\Delta P}{\Delta T}$$

式中，δ 表示 NTC 热敏电阻温度传感器的耗散系数（mW/ K）；ΔP 表示 NTC 热敏电阻温度传感器消耗的功率（mW）；ΔT 表示 NTC 热敏电阻温度传感器消耗功率 ΔP 时，电阻体相应的温度变化（K）。

热时间常数（τ）：在零功率条件下，当温度突变时，热敏电阻温度传感器的温度变化了始末两个温度差的 63% 时所需的时间，热时间常数与 NTC 热敏电阻温度传感器的热容量成正比，与其耗散系数成反比。

简单地说，经过热时间常数 τ 的 5 倍时间，温差（$T_2 - T_1$）可以缩小到 99% 以内。经过热时间常数 τ 的 7 倍时间，温差（$T_2 - T_1$）可以缩小到 99.9% 以内。所以把 5τ 和 7τ 作为一个参考指标。越是小型的热敏电阻温度传感器，热时间常数越小，响应速度也越快。若要减小响应时间的滞后，则需要使用热时间常数 τ 小的小型热敏电阻温度传感器。

$$\tau = \frac{C}{\delta}$$

式中，τ 表示热时间常数（s）；C 表示 NTC 热敏电阻温度传感器的热容量；δ 表示 NTC 热敏电阻温度传感器的耗散系数。

受限于篇幅，NTC 热敏电阻温度传感器的温度-阻值对照表，请访问 TLA 虚拟仪器教学资源站下载。

8.3.4　基本电路

1．线性化

NTC 热敏电阻温度传感器的温度-电阻特性并不呈线性关系，通过图 8-3-4 所示的方法可实现线性化，但在一定温度范围内会造成灵敏度下降。

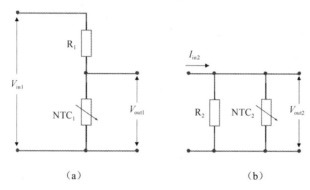

（a）　　　　　　　　　　　　（b）

图 8-3-4　NTC 热敏电阻温度传感器线性化方法

2．串联分压

根据前面的知识，若要获得热敏电阻温度传感器测得的温度，则需要知道随温度变化而变化的热敏电阻温度传感器的电阻值，可直接用万用表的欧姆挡测量电阻值；也可以通过相应的电路转换获得热敏电阻温度传感器两端的电压，再由欧姆定律 $R = \dfrac{U}{I}$ 得到电阻值。电压模式即串联分压的基本电路形式如图 8-3-4（a）所示。

串联分压典型电路如图 8-3-5 所示，NTC 热敏电阻温度传感器和精密电阻 R 构成了一个简单的串联分压电路。

参考电压 V 经过分压可以得到一个随温度变化而变化的电压值，该电压的大小能反映 NTC 热敏电阻温度传感器电阻值的大小，也能反映相应的温度值。V_{out} 端可以送入数据采集设备的模拟输入（Analog Input）通道，由软件计算、换算得到温度。

图 8-3-5　串联分压典型电路

$$V_{out} = V \frac{R}{R + R_{NTC}}$$

3．惠斯通电桥法

惠斯通电桥又称为单臂电桥，是一种可以精确测量电阻值的电路结构。电阻 R_a、R_b、R_c、NTC 是电桥的 4 个桥臂，G 为检流计，用以检查它所在的支路有无电流。当 G 中无电流通过时，电桥达到平衡。平衡时，4 个桥臂的电阻值满足对角的电阻值乘积相等这一简单的关系，利用这一关系就可测量电阻值。惠斯通电桥法如图 8-3-6 所示。

图 8-3-6   惠斯通电桥法

4．恒流源法

利用恒流源电流恒定的特性，将恒流源与 NTC 热敏电阻温度传感器串联，测出 NTC 热敏电阻温度传感器两端的电压，就可以得到 NTC 热敏电阻温度传感器的电阻值。恒流源法如图 8-3-7 所示。

图 8-3-7   恒流源法

8.3.5 动手实践

受限于篇幅，可以访问 TLA 虚拟仪器教学资源站下载实践所需的材料资源包（面包板仿真资源、元器件 Datasheet 资料、教学幻灯片）。

1．测量程序编写思路

使用 NTC 热敏电阻温度传感器测量温度采用串联分压电路时，可借鉴使用 AD592 集成温度传感器测温的编程思路，实现对分压电路的固定阻值电阻 R 的电压测量。LabVIEW 编程流程如图 8-3-8 所示。

图 8-3-8   LabVIEW 编程流程

2．元器件

（1）NTC 热敏电阻温度传感器：测量温度所需的 NTC 热敏电阻温度传感器，选择环氧系列、R_{25} 为 10kΩ、B 值为 3850 的 NTC 热敏电阻温度传感器。

（2）数字万用表：使用欧姆挡测量 NTC 热敏电阻温度传感器的电阻值，直读测量的电阻值。

3．实验硬件准备

找到 TLA-004 传感器课程实验套件的 5#模块，确认并准备使用 NTC 热敏电阻温度传感器测量温度所需的器件。

4．实验电路连线

参看图 8-3-9，在 TLA-004 传感器课程实验套件上使用面包板导线连线。表 8-3-1 所示为接线图接线端注释。

图 8-3-9 硬件连线图

表 8-3-1 接线图接线端注释

接 线 端	注 释	备 注
U501	NTC 热敏电阻温度传感器螺栓接线端子	包括连接 NTC 热电阻温度传感器的 2 个引脚，引脚无极性
J501	NTC 热敏电阻温度传感器 1#引脚接线端	与 NTC 热敏电阻温度传感器的 1#引脚相连
J502	NTC 热敏电阻温度传感器 2#引脚接线端	与 NTC 热敏电阻温度传感器的 2#引脚相连
J503	连线为三线制或四线制时，线电阻的引脚接线端	
J504	三线制/四线制连接时线电阻的引脚接线端	
J509	固定电阻的 1 个引脚接线端	在 NTC 热敏电阻温度传感器与固定电阻串联构成的分压电路中，与固定电阻的 1 个引脚相连的引脚

5．编程练习

【练习 8-3】

参看图 8-3-10，使用 DAQ 助手编写程序，设计温度换算公式，实现使用 NTC 热敏电阻温度传感器测温的实验程序。

图 8-3-10　使用 NTC 热敏电阻温度传感器测温的实验程序（DAQ 助手方式）

6．想一想

（1）如果要使用 NTC 热敏电阻温度传感器进行远距离测温，那么如何利用图 8-3-10 所示的装置提高测量精度呢？

（2）能否设计使用三线制、四线制 NTC 热敏电阻温度传感器测温的具体思路？

8.4　使用铂电阻温度传感器测量温度

8.4.1　实践要求

- 掌握使用 Pt100 铂电阻温度传感器测温的原理。
- 掌握使用 Pt100 铂电阻温度传感器测量温度的数据采集程序的编写方法。

8.4.2　传感器简介

金属具有随温度升高电阻值变大的特性，与 PTC 热敏电阻性质类似，金属热电阻具有正温度系数。利用该性质可以制成温度传感器——电阻式温度传感器（RTD）。适合制成 RTD 的金属材料有铂、铜、镍等。其中，铂具有熔点高、性质稳定、延展性好、电阻–温度特性呈线性关系的特点。铂是制作 RTD 较为合适的材料，用铂材料制成的 RTD 称为铂电阻 RTD。常见的铂电阻外形如图 8-4-1 所示。

防水型铂电阻　　压环型铂电阻　　螺纹型铂电阻　　贴片型铂电阻　　薄膜型铂电阻　　带金属保护套管的铂电阻

图 8-4-1　常见的铂电阻外形

金属热电阻的电阻值会随温度变化，可由下式表示：

$$R_t = R_0 \left[1 + \alpha \left(t - t_0 \right) \right]$$

式中，R_t 表示金属热电阻在 t℃时的电阻值；R_0 表示金属热电阻在 t_0℃时的电阻值；α 表示金属热电阻的温度系数（1/℃）；t 表示被测温度（℃）。

由于绝大多数金属的温度系数不是常数，会随温度变化而变化，所以只能在一定的温度范围内，近似将其看作一个常数。对于不同金属的导体，温度系数保持常数所对应的温度是不同的，而且要求温度的范围小于该导体能够工作的温度范围。温度系数小的铂电阻易于制造，价格较温度系数大的铂电阻便宜。

8.4.3　测量原理

按照国际电工委员会 IED751 国际标准，依据温度系数 TCR=0.003851、Pt100（R_0=100Ω）、Pt1000（R_0=1000Ω）标准设计铂电阻温度传感器。

若铂电阻温度传感器的温度测量范围处于 0～600℃，则可用下式表示：

$$R_t = R_0 \left(1 + At + Bt^2 \right)$$

若温度测量范围处于 -200～0℃，则可用下式表示：

$$R_t = R_0 \left[1 + At + Bt^2 + C \left(t - 100 \right) t^3 \right]$$

式中，R_t 表示温度为 t℃时的电阻值；R_0 表示温度为 0℃时的电阻值；t 表示任意温度值（℃）；A、B、C 表示分度系数（如 Pt100、TCR=0.003851 时，分度系数 A=3.968 47×10^{-3}℃$^{-1}$，B=-5.847×10^{-7}℃$^{-2}$，C=-4.22×10^{-12}℃$^{-4}$）。

受限篇幅，可以访问 TLA 虚拟仪器教学资源站查询 Pt100 铂电阻温度传感器的分度表和 Pt100 铂电阻温度传感器的电阻-温度特性曲线（见图 8-4-2）。

图 8-4-2　Pt100 铂电阻温度传感器的电阻-温度特性曲线

8.4.4　基本电路

1. 恒流法测量电路

将恒流源与 RTD 组成一个串联电路，即构成铂电阻的恒流法基本测量电路，其基本测量电路如图 8-4-3 所示。先测量 RTD 两端的电压，再通过公式换算，得到所需测量的温度。典型 1mA 恒流源电路原理图如图 8-4-4 所示。

图 8-4-3　恒流法基本测量电路　　　　图 8-4-4　典型 1mA 恒流源电路原理图

　　测量时考虑选择电流较小的恒流源，如 1mA 或 100μA 的恒流源。这里以使用 1mA 恒流源为例，由于 Pt100 和 Pt1000 铂电阻温度传感器在 0℃时的电阻值分别为 100Ω 和 1000Ω，1mA 电流在 0℃的 Pt100 铂电阻温度传感器上的电压降为 100×1mA=0.1V，该电压值会造成输出偏置，即输出电压抬高 0.1V。若使用 Pt1000 铂电阻温度传感器，则输出电压会抬高 1V，因此将带来更大的误差。如果采用硬件电路或软件补偿，使 Pt100 或 Pt1000 铂电阻温度传感器在 0℃时的输出电压为 0V，就能克服该输出误差。

2．恒压法测量电路

　　铂电阻除使用恒流法测量温度外，还可以使用恒压法进行测量。图 8-4-5 所示为恒压法基本测量原理电路，不难看出该电路也是基本的电桥测量电路。

图 8-4-5　恒压法基本测量原理电路

　　RTD 采用恒压法测量时，带来的非线性误差比恒流法要大。该非线性误差可通过线性化电路修正。由于 RTD 的非线性较为规则，所以线性化电路较为简单。

3．三线制、四线制连接电路

　　对于短距离的使用 RTD 进行的温度测量，前面介绍的测量电路一般都为二线制连接方法。若测温时传感器距离被测对象很远而造成引线很长，则引线电阻值的增大将影响测量结果。

此时将使用三线制或四线制连接方法降低引线电阻值过大造成的测量误差。

图 8-4-6 所示为典型 RTD 三线制、四线制测量电路。三线制与二线制相比，可以大幅降低误差。四线制与三线制又有不同，四条线中的电流输入和电压输出完全独立，可以消除长距离导线电阻的影响，虽然线多，但可以获得更高的测量精度，工业生产中广泛使用此方法，此方法也称为开尔文连接法。

（a）RTD 三线制测量电路　　　　　　（b）RTD 四线制测量电路

图 8-4-6　典型 RTD 三线制、四线制测量电路

8.4.5　动手实践

受限于篇幅，可以访问 TLA 虚拟仪器教学资源站下载实践所需的材料资源包（面包板仿真资源、元器件 Datasheet 资料、教学幻灯片）。

1．测量程序编写思路

使用 RTD 测量温度可借鉴使用 AD592 集成温度传感器测温的编程思路，在使用恒流源激励的前提下实现对 RTD 两引脚间的电压采集。测量编程思路如图 8-4-7 所示。

图 8-4-7　测量编程思路

提示：由铂电阻的分度表可知，使用 16 位或 24 位 ADC 的数据采集卡可以获得更佳准确的测量结果。

2．元器件

（1）铂电阻温度传感器：测量温度所需的金属铂电阻温度传感器，0℃时标称阻值为 100Ω（Pt100）和 1000Ω（Pt1000）两种，实验可选择 Pt100 铂电阻温度传感器。

（2）恒流源：为防止铂电阻因恒流源而自身发热影响温度测量的精度，使用 Pt100 铂电阻温度传感器测温时建议选择 1mA 恒流源，使用 Pt1000 铂电阻温度传感器测温时建议选择 0.5mA 恒流源。

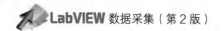

3．实验硬件准备

找到 TLA-004 传感器课程实验套件的恒流源模块和 5#模块，确认并准备使用 Pt100 铂电阻温度传感器测温所需的器件。

提示：TLA-004E 系列传感器课程实验套件提供恒流源模块。

4．实验电路连线

参看图 8-4-8，在 TLA-004 传感器课程实验套件上使用面包板导线连线。

图 8-4-8　连线图

5．编程练习

【练习 8-4】

参看图 8-4-9，使用 DAQ 助手编写程序，设计温度换算公式，实现使用 Pt100 铂电阻温度传感器测温的实验程序。

图 8-4-9　使用 Pt100 铂电阻温度传感器测温的实验程序（DAQ 助手方式）

6．想一想

（1）如果要使用 Pt100 铂电阻温度传感器远距离测温，那么如何利用图 8-4-8 所示的装置提高测量精度呢？

（2）能否设计三线制、四线制 Pt100 铂电阻温度传感器测温的具体思路？

第 **9** 章

液体特征参数测量任务

9.1 使用光电式液位传感器测量液位

9.1.1 实践要求

- 掌握使用光电式液位传感器测量液位的原理。
- 掌握使用光电式液位传感器测量液位的数据采集程序的编写方法。

9.1.2 传感器简介

液位开关也称为水位开关、液位传感器，是通过液位来控制电气设备线路通断的开关。液位传感器从形式上主要分为接触式液位传感器和非接触式液位传感器。光电式液位传感器是利用光在两种不同介质的界面发生反射、折射的原理而开发的新型接触式液位传感器。它将检测的液位信号、液面信号通过红外线传递，最终转换为电信号输出。

由于液位的输出只与光电探头是否接触液面有关，与介质的其他特性，如温度、压力、密度等参数无关，因此光电式液位传感器具有检测准确、重复精度高等优点；光电式液位传感器响应速度快、液面控制非常精确，不需调校就可以直接安装使用。光电式液位传感器可控精度在±0.5mm 之内，相比常用的浮子式液位传感器±3.0mm 的精度有很大提高。

光电式液位传感器体积相对小巧，可分开安装在狭小的空间中，适合特殊罐体或容器使用。另外，还可以在一个测量体上安装多个光电探头制成多点液位传感器或变控器。

光电式液位传感器内部的所有元器件都进行了树脂灌封处理，光电式液位传感器内部没有任何机械活动部件，因此光电式液位传感器可靠性高、寿命长、免维护。光电式液位传感器外观如图 9-1-1 所示。

图 9-1-1　光电式液位传感器外观

9.1.3 测量原理

光电式液位传感器内部包含一个红外发光二极管和一个光电三极管。两者的安装位置精确，以确保两者在空气中达到良好的光耦合。

发光二极管所发出的红外光被导入光电式液位传感器顶部的透镜。当液体浸没光电式液位传感器的透镜时，光折射到液体中，从而使接收器接收不到或只能接收到少量光线。

图 9-1-2 光电式液位传感器工作原理示意图及外形

当传感器的锥形端浸入液体时，红外光会透射出锥形面，到达光电三极管的光就会变弱。光量发生变化，也就使得输出发生改变。

光电式液位传感器通过感应液位的变化，并由接收器驱动内部的电路，启动外部报警或控制电路。若没有液体，则发光二极管发出的红外光直接从透镜反射回接收器。

光电式液位传感器工作时，需为其提供+5V 直流电源，模块的模拟信号输出可以输出与水位状况一致的电压信号。光电式液位传感器工作原理示意图及外形如图 9-1-2 所示。

9.1.4 基本电路

光电式液位传感器基本电路分为传感器原理电路和信号调理电路两部分。光电式液位传感器的信号调理电路如图 9-1-3 所示。当液位超过临界液位时，传感器本体淹没，J1 输出较低的电压信号。当液位低于临界液位时，光电式液位传感器本体完全露出，J1 输出较高的电压信号。通常，光电式液位传感器会与信号调理电路配合使用，使其整体具备输出模拟信号和输出用于数字电路的高低电平信号的能力。

图 9-1-3 光电式液位传感器的信号调理电路

当被测液体为水时，使用时还需考虑水蒸气及其凝结的露珠在传感器本体表面附着，造成输出信号为较低电压的情况。

9.1.5 动手实践

1. 测量程序编写思路

关于图 9-1-3 所示的 J1 输出电压，本节训练将通过 USB-6009 数据采集卡进行测量。读取光电式液位传感器的输出电压 V_{out}，得到传感器与液面关系的数据。

LabVIEW 编写数据采集程序的思路可参考图 9-1-4 所示的流程。

图 9-1-4　LabVIEW 编程流程

2. 元器件

（1）光电式液位传感器：由内置高强度红外发光二极管和高灵敏光电三极管构成的液位传感器，该传感器提供 4P 接口信号调理模块插接，工作时需+5V 供电。

（2）光电式液位传感器调理模块：为 FS-IR102 型光电式液位传感器提供可靠供电、信号调理及信号输出（见图 9-1-5）。

图 9-1-5　FS-IR102 型光电式液位传感器及信号调理模块

3. 实验硬件准备

找到 TLA-004 传感器课程实验套件的光电式液位传感器模块，确认并准备测量液位所需的器件。

4. 实验电路连线

参看图 9-1-6，在 TLA-004 传感器课程实验套件上使用信号调理模块进行连线。

图 9-1-6　连线图

5．编程练习

【练习 9-1】

使用 DAQ 助手编写程序，实现使用光电式液位传感器测量液位的实验程序。

6．想一想

在连线之前，注意观察套件电路板上接线柱的丝印标记，如电源的"+"接线柱和"-"接线柱，AI（模拟信号输入）差分接线方式的"+"接线柱和"-"接线柱。思考下列问题：

（1）测量时，为何不能将光电式液位传感器完全置入液体中？

（2）能否利用光电式液位传感器设计一种防干烧装置？

9.2　使用光电式液体浊度传感器测量液体浊度

9.2.1　实践要求

- 掌握使用光电式液体浊度传感器测量液体浊度的原理。
- 掌握使用光电式液体浊度传感器测量液体浊度的数据采集程序的编写方法。

9.2.2　传感器简介

由于水中含有悬浮及胶体状态的微粒，原本无色透明的水产生浑浊现象，其浑浊的程度称为浊度，可用液体浊度传感器对其进行测量。

浊度是一种光学效应，是光线透过水层时受到阻碍的程度，表示水层对光线散射和吸收的能力。浊度不仅与悬浮物的含量有关，还与水中杂质的成分、颗粒大小、形状及其表面的反射性能有关。常用的浊度测量方法是比浊法。本实验中使用的是复合射光法的传感器。

光电式液体浊度传感器基于光学原理设计，利用光电三极管和发光二极管的光电特性实现液体浊度的测量。发光二极管发出的光经污水反射，部分光传播到光电三极管。光线的透过量取决于该水的浑浊程度，水越浑浊，透过的光就越少。图 9-2-1 所示为光电式液体浊度传感器，该类型浊度传感器适用于洗衣机、洗碗机等。

比浊法又称为浊度测定法，是通过测量透过含有悬浮质点的介质的光强度来确定悬浮物质浓度的方法，是一种光散射测量技术。其测量的主要依据是悬浊液中的颗粒对光线散射的性质。当一束光线通过悬浊液时，液体中颗粒的大小与入射光经散射后的强弱变化存在关联。在一定条件下，散射光的程度（或透射光减弱的程度）和悬浊液中颗粒的数量呈比例关系。其变化可用下式表示：

$$I = I_0 e^{\tau b}$$

式中，I 为透射光强度；I_0 为入射光强度；b 为光径；τ 为浊度。

该公式和比尔定律公式相似，因此比色的程度方法、标准曲线制备、计算公式及仪器等同样都适用于比浊法。

当光束通过含有悬浮质点的介质时，由于悬浮质点对光的散射和选择性吸收的作用，透射光的强度减弱。水中微粒的光学现象如图 9-2-2 所示。

图 9-2-1　光电式液体浊度传感器　　　　　图 9-2-2　水中微粒的光学现象

在光电式液体浊度传感器旁放一个光源，若光电式液体浊度传感器探测接收到的光越多，则表示有较多可以散射光的粒子。利用校正后的浊度计测量到的浊度，其单位为 Nephelometric Turbidity Unit，简称 NTU。不过在一定量粒子的情形下，光束散射的程度也和黏粒子的形状、颜色及反射率有关；再加上较多的粒子可能很快就沉淀，无法散射光束；因此浊度和总悬浮固体之间的关系可能会随这些情形而不同。

9.2.3　测量原理

光电式液体浊度传感器内部的发光二极管发出光源，光电三极管接收经水透过的光线。光接收端把透过的光强度转换为对应的电流大小，透过的光多，电流大；反之，透过的光少，电流小，再通过电阻将流过的电流转换为电压信号。光电式液体浊度传感器通过测量透过的光线量来计算溶液的浊度。图 9-2-3 所示为电压与浊度之间的关系。光电式液体浊度传感器厂家提供了 V-NTU 换算公式：$y = -1120.4x^2 + 5742.3x - 4352.9$，其中 x 为光电式液体浊度传感器的输出电压，y 为浊度。

图 9-2-3　电压与浊度之间的关系

测试前，将光电式液体浊度传感器置于纯净水中，即浊度<0.5NTU，温度为 10～50℃时应输出 4.1±0.3V。不同温度下浊度和输出电压之间的关系如图 9-2-4 所示。

图 9-2-4　不同温度下浊度和输出电压之间的关系

9.2.4　基本电路

光电式液体浊度传感器在使用时，输出的信号与适配的转换电路实现传感器的模拟量或数字量输出。光电式液体浊度传感器内部电路原理图如图 9-2-5 所示。

图 9-2-5　光电式液体浊度传感器内部电路原理图

光电式液体浊度传感器信号转换电路如图 9-2-6 所示，由运算放大器构成模拟/数字信号输出电路。模拟信号输出使用了运算放大器构成的电压跟随器，数字信号输出则使用了运算放大器构成的电压比较器。

图 9-2-6　光电式液体浊度传感器信号转换电路

9.2.5 动手实践

1．测量程序编写思路

关于图 9-2-6 所示的 J2 端的 Aout 输出电压，本节训练将通过 USB-6009 数据采集卡进行测量。读取光电式液体浊度传感器的输出电压，通过 V–NTU 公式换算得到液体浊度。

LabVIEW 编写数据采集程序的思路可参考图 9-2-7 所示的流程。

图 9-2-7　LabVIEW 编程流程

2．元器件

（1）光电式液体浊度传感器：一种由发光二极管和光电三极管组合后由塑壳封装的用于测量液体浊度的光电传感器，使用直流+5V 供电。传感器提供 3 条杜邦线供连接电源、地和浊度信号模拟电压输出。

（2）浊度传感器信号调理模块：与光电式液体浊度传感器配套使用的信号调理模块，其内部电路主要由运算放大器构成的电压跟随器和电压比较器组成，实现浊度信号模拟电压的输出和数字信号的输出。

光电式液体浊度传感器及信号调理模块如图 9-2-8 所示。

图 9-2-8　光电式液体浊度传感器及信号调理模块

3．实验硬件准备

找到 TLA-004 传感器课程实验套件的 9#模块，确认并准备使用光电式液体浊度传感器测量浊度所需的器件。

4．实验电路连线

参看图 9-2-9，在 TLA-004 传感器课程实验套件上使用信号调理模块进行连线。

图 9-2-9 连线图

5. 编程练习

【练习 9-2】

使用 DAQ 助手编写程序，根据 V-NTU 换算公式设计换算方法，实现使用光电式液体浊度传感器测量浊度的实验程序。

6. 想一想

能否设计一种使用光电式液体浊度传感器检测洗衣机清洗程度的装置？

9.3 使用 pH 计传感器测量溶液 pH 值

9.3.1 实践要求

- 掌握 pH 计传感器的工作原理。
- 掌握 pH 计传感器的使用方法及数据采集程序的编写方法。

9.3.2 传感器简介

pH 计又称为酸度计，是一种利用溶液的电化学性质测量 H^+ 浓度，从而测定溶液 pH 值的仪器，pH 计广泛应用于工业、农业、科研、环保等领域。

图 9-3-1 pH 计电极部分原理性示意图

pH 计是基于化学原电池的原理工作的，pH 计电极部分原理性示意图如图 9-3-1 所示。当一个 H^+ 可逆的玻璃电极和一个参比电极同时浸入某一溶液中组成原电池时，在一定的温度下产生一个电动势，这个电动势与溶液的 H^+ 活度有关，而与其他离子的存在关系很小，这时的氢电极称为标准氢电极，它的电极电势为零。将待测电极与标准氢电极连接，所测的电池电动势被称为标准电极电势。因此，待测溶液 pH 值的变化可以直接表示为待测溶液所构成的电池电动势的变化。

1. pH 计传感器的组成

pH 计的主体是精密的电流计。测定时把复合电极插在被测溶液中，由于被测溶液的酸度（H⁺浓度）不同而产生不同的电动势，电动势通过直流放大器放大，最后读数指示器（电压表）指出被测溶液的 pH 值。pH 计主要由以下三个部件构成。

（1）一个参比电极。

（2）一个玻璃电极，其电位取决于周围溶液的 pH 值。

（3）一个电流计，该电流计能在电阻值极大的电路中测量出微小的电位差。

玻璃电极由玻璃支持管、玻璃膜、内参比溶液、内参比电极、电极帽、电线等组成。玻璃支持管是支持电极球泡的玻璃管体，由电绝缘性优良的铅玻璃制成，其膨胀系数应与电极球泡玻璃的一致。玻璃膜由特殊成分组成，对 H⁺敏感。玻璃膜一般呈球泡状；球泡内充入内参比溶液（中性磷酸盐和氯化钾的混合溶液）；插入内参比电极（一般用银/氯化银电极），用电极帽封接引出电线，装上插口，就成为一个 pH 指示电极（玻璃电极）。市场销售的最常用的玻璃电极是 231 玻璃 pH 电极。

电流计的功能就是将原电池的电位放大若干倍，放大了的信号通过电流表显示出，电流表指针偏转的程度表示其推动的信号的强度，因为使用上的需要，pH 电流表的表盘刻有相应的 pH 值；而数字式 pH 计则直接以数字形式显示出 pH 值。

实验中采用的 pH 计传感器是 E201C 型复合电极式 pH 计传感器，它采用玻璃电极和参比电极组合在一起的塑壳不可填充式复合电极。复合电极的特点是合二为一、使用方便。外壳为玻璃的复合电极称为玻璃 pH 复合电极。

2. 复合电极的组成

复合电极的结构主要由电极球泡（玻璃薄膜球）、玻璃支持管、内参比电极、内参比溶液、电极塑壳、外参比电极、外参比溶液、液接界、电极帽（塑料保护帽）、电极导线、插口等组成。复合电极及其电极结构示意图如图 9-3-2 所示。

图 9-3-2　复合电极及其电极结构示意图

（1）电极球泡：由具有 H⁺交换功能的锂玻璃熔融吹制而成，呈球形，膜厚为 0.1～0.2mm，电阻值<250MΩ（25℃）。

（2）玻璃支持管：支持电极球泡的玻璃管体，由电绝缘性优良的铅玻璃制成，其膨胀系数应与电极球泡玻璃的一致。

（3）内参比电极：银/氯化银电极，主要作用是引出电极电位，要求其电位稳定、温度系数小。

（4）内参比溶液：零电位 pH 值为 7 的内参比溶液，是中性磷酸盐和氯化钾的混合溶液，玻璃电极与参比电极构成电池建立零电位的 pH 值主要取决于内参比溶液的 pH 值及氯离子浓度。

（5）电极塑壳：支持玻璃电极和液接界、盛放外参比溶液的壳体，由聚碳酸树脂塑压成形。

（6）外参比电极：银/氯化银电极，作用是提供与保持一个固定的参比电势，要求电位稳定、重现性好、温度系数小。

（7）外参比溶液：3.3mol/L 的氯化钾凝胶电解质，不易流失，无须添加。

（8）液接界：沟通外参比溶液和被测溶液的连接部件，要求渗透量稳定。

（9）电极导线：低噪声金属屏蔽线，内芯与内参比电极连接，屏蔽层与外参比电极连接。

9.3.3　测量原理

pH 值被定义为 H$^+$ 浓度的常用对数的负值。通常 pH 值的范围为 0～14。25℃中性水的 pH 值为 7，pH 值小于 7 的溶液为酸性，pH 值大于 7 的溶液为碱性。

离子活度是指电解质溶液中参与电化学反应的离子的有效浓度。离子活度（α）和浓度（c）之间存在定量的关系，其表达式为

$$\alpha = \gamma c$$

式中，α 为离子活度；γ 为离子的活度系数；c 为离子的浓度。

离子的活度系数通常小于 1，在溶液无限稀时离子间的相互作用趋于零，此时离子的活度系数趋于 1，离子活度等于溶液中离子的浓度。一般在水溶液中 H$^+$ 的浓度非常小，所以 H$^+$ 的活度基本和其浓度相等。根据能斯特方程，离子活度与电极电位成正比，因此可对溶液建立起电极电位与离子活度的关系曲线，测定了电极电位，即可确定离子活度，所以实际上我们是通过测量电极电位来计算 H$^+$ 浓度的。能斯特方程如下：

$$E = E_0 + \frac{RT}{nF} \ln \alpha_{\mathrm{Me}}$$

式中，E 为电位；E_0 为电极的标准电压；R 为气体常数；T 为热力学温度；F 为法拉第常数；n 为被测离子的化合价；$\ln \alpha_{\mathrm{Me}}$ 为离子活度 α_{Me} 的对数。

在水溶液中，氢核基本不以自由态存在，实际的情况是 $H_2O + H_2O \rightleftharpoons H_3O^+ + OH^-$，自由态的 H$^+$ 基本可以忽略，水溶液中 H_3O^+（水合氢离子）的浓度基本上和 H$^+$ 浓度相等，所以，上式通常简化为 $H_2O \rightleftharpoons H^+ + OH^-$。

在 25℃的纯水中，仅有微量的水发生电离，经过测量，此时的 H$^+$ 和 OH$^-$ 的浓度均为 10^{-7}mol/L，水的离子积 K_W 为 $K_W = K(H_2O) = c(H_3O^+) \times c(OH^-) = 10^{-7} \times 10^{-7} = 10^{-14}$mol/L（25℃）。

在同一温度下，水的离子积为一常数，比如在 25℃时，水的离子积为 10^{-14}mol/L，如果 H$^+$ 的浓度为 10^{-3}mol/L，那么 OH$^-$ 的浓度就是 10^{-11}mol/L。当溶液中的 H$^+$ 浓度大于 OH$^-$ 浓度时，我们称其为酸性溶液；当 H$^+$ 浓度小于 OH$^-$ 浓度时，我们称其碱性溶液。在实际使用中，离子浓度很小，为了避免使用中的不便，1909 年生物学家泽伦森建议将该不便使用的数值用对数代替，并定义为 pH 值。数学上定义 pH 值为 H$^+$ 浓度的常用对数的负值。因此，pH 值为 H$^+$ 浓度以 10 为底的负对数值。

此外，pH 值随温度变化也有一定的变化，温度补偿可以修正测试的 pH 值。用 pH 计测量 pH 值时会出现一定的温度偏差，因此在测量 pH 值时，还需要考虑温度补偿这一问题。温度补偿可以采用自动温度补偿和手动温度补偿两种方式。手动温度补偿通常取决于仪器内置

的测量过的某些液体的温度，仪器会显示经温度补偿后的 pH 值。自动温度补偿要求具有内部温度传感器，传感器会发出补偿后的 pH 值信号，仪器直接显示经温度补偿后的 pH 值。自动温度补偿在野外测量环境中对于 pH 值测量是非常有用的。pH 值与电压的对应关系如表 9-3-1 所示。

表 9-3-1 pH 值与电压的对应关系（25℃、65%RH 时）

pH 值	0	1	2	3	4	5	6	7	8	9	10	11	12	13	14
电压/mV	4242	4065	3885	3709.8	3532.5	3354	3177.5	3000	2822.5	2646	2467.5	2292	2115	1938	1758

9.3.4 基本电路

根据前面的知识，pH 值测量中使用的电极为原电池。原电池是一个系统，它的作用是使化学能量转成为电能。此时电池的电压被称为电动势。电动势由两个半电池构成，其中一个半电池称为测量电池，它的电位与特定的离子活度有关；另一个半电池称为参比半电池，通常称为参比电极，它一般与测量溶液相通，并且与测量仪表相连。

在本次训练中，pH 计传感器中的电极选为 E201 型 pH 复合电极，它由 pH 敏感玻璃电极和银-氯化银参比电极复合而成，它是 pH 计的测量元件，用以测量水溶液的 pH 值。玻璃电极零点位置对应的 pH 值为 7，参比电极内充凝胶氯化钾，使用期间不需添加氯化钾溶液。pH 复合电极具有使用方便、易清洗、反应快、稳定性和重复性好、抗干扰性能强等特点。E201型 pH 复合电极主要技术参数如表 9-3-2 所示。

表 9-3-2 E201 型 pH 复合电极主要技术参数

测 量 范 围	pH 值：0～14
	电压：-1999～+1999 mV
温 补 范 围	0～60℃
工 作 温 度	5～45℃
精　　　度	0.01
零点 pH 值	7±0.25
内　　　阻	≤250MΩ（25℃）
误　　　差	≤15mV（25℃）
百分理论斜率（PTS）	≥98.5%（25℃）
响 应 时 间	≤2s（25℃）

pH 计传感器电极输出的信号为玻璃电极与参比电极的相对电压。实验中选择的传感器参比电极为中性溶液，当被测溶液 pH 值为 7 时，其理论输出电压为 0V。在其他情况下，根据溶液的酸碱度不同，输出电压可能为正值或负值。

需要注意的是，pH 复合电极信号调理电路采用的运算放大器为单电源供电设计。综合起来，需要为参比电极的运算放大器提供一个合适的偏压，从而保证玻璃电极 pH 值+输出电压始终为正值，同时也保证了运算放大器单电源供电的需要。

图 9-3-3 所示为 pH 复合电极信号调理电路原理图，运算放大器 U1A、U1B 和相应外围阻容元件构成的放大电路实现了对电极输出微弱电压的放大；运算放大器 U2A、U2B、U3A 和

相应外围阻容元件组成了 NTC 的桥式电路，用于复合电极的温度补偿。U3B 则将 U1A、U1B 和相应外围阻容元件构成的放大电路的输出模拟电压信号用于比较器电路，构成数字信号输出。某些 pH 复合电极信号调理模块只提供模拟信号输出，不提供温度传感器和数字信号输出。

图 9-3-3　pH 复合电极信号调理电路原理图

VCC 为 pH 复合电极信号调理电路所需的直流电源+5V 接线柱，GND 为电路地、p_Aout 为信号调理电路输出的 pH 值关联的模拟电压信号，t_Aout 为信号调理电路输出的温度测量模拟信号（用于温度补偿）。

9.3.5　动手实践

1. 测量程序编写思路

关于图 9-3-3 所示的 p_Aout 端输出电压，可以通过电压表或示波器进行测量，本节训练将通过 USB-6009 数据采集卡测量 p_Aout 端的输出电压。读取 pH 计传感器的输出电压 V_{out}，通过电压–pH 值映射关系得到 pH 值。

LabVIEW 编写数据采集程序的思路可参考图 9-3-4 所示的流程。

图 9-3-4　LabVIEW 编程流程

2．元器件

（1）E201C 型复合电极式 pH 计传感器：一种用于检测液体酸碱度的复合电极传感器，能够通过 BNC 接口输出复合电极的模拟电压信号。

（2）pH 计传感器信号调理模块：与 E201C 型 pH 复合电极配套的带温度补偿和数字信号输出的 pH 计传感器信号调理模块，6P 接口提供电源、pH 电极模拟电压信号输出、温度信号模拟电压输出、经比较器后的 pH 电极数字信号输出。pH 计传感器及信号调理模块如图 9-3-5 所示。

图 9-3-5　pH 计传感器及信号调理模块

3．实验硬件准备

找到 TLA-004 传感器课程实验套件的 pH 计传感器，确认并准备使用 pH 计传感器测量 pH 值所需的器件。

1）准备工作

pH 电极结构复杂，使用时和其他类型的传感器有很大的区别，准备工作需特别重视，避免造成 pH 计传感器损坏的情况发生。

2）pH 电极保养及注意事项

（1）pH 电极在初次使用或久置不用重新使用时，需把电极球泡及砂芯浸在 3mol/L 的氯化钾溶液中活化 8h。

（2）pH 电极在测量前必须用已知 pH 值的标准缓冲液进行定位校准，为取得更准确的结果，已知 pH 值要可靠，而且其 pH 值越接近被测值越好。

（3）取下电极帽后要注意，塑料保护栅内的电极球泡不与硬物接触，任何破损和擦毛都会使电极失效。

（4）pH 电极的引出端，必须保持清洁和干燥，以防止输出两端短路，否则将导致测量结果失准或失效。

（5）测量完毕不用时，应将电极帽套上，帽内应放少量补充液，以保持电极球泡的湿润。

（6）使用 pH 复合电极包装盒内附带的装有粉末的塑料瓶，加去离子水至瓶身 20mL 刻度处，摇匀。称量 55.9g 纯氯化钾，加入配置好的塑料瓶内的溶液配成 250mL 溶液，摇匀后使用。

（7）pH 电极应避免长期浸在蒸馏水中或蛋白质和酸性氟化物溶液中，并防止与有机硅油脂接触。

（8）pH 电极经长期使用后，若发现梯度略有降低，则可把 pH 电极下端浸泡在 4%HF（氢氟酸）溶液中 3～5s，用蒸馏水洗净，然后在氯化氢[c(HCl)=0.1mol/L]溶液中浸泡 24h 左右，使电极复新。

（9）被测溶液中如含有易污染电极球泡或堵塞液接界的物质，会使电极钝化，导致敏感梯度降低，或读数不准。因此，应根据污染物质的性质，用适当溶液清洗，使电极复新。

（10）pH 电极使用前必须浸泡，因为电极球泡是一种特殊的玻璃膜，在玻璃膜表面有一层很薄的水合凝胶层，它只有在充分湿润的条件下才能与溶液中的 H^+ 有良好的响应。同时，玻璃电极经过浸泡，可以使不对称电势大大下降并趋向稳定。玻璃电极一般可以用蒸馏水（不能长期浸泡）或 pH4 缓冲液浸泡。通常使用 pH4 缓冲液（将 pH 值为 4 的一包缓冲液加入 250mL 纯水中，再加 56mg 氯化钾粉末，加热使其溶解）更好一些，浸泡时间为 8～24h 或更长，根据球泡玻璃膜厚度、电极老化程度而不同。

（11）pH 电极应避免接触强酸、强碱或腐蚀性溶液，如果要测试此类溶液，则应尽量减少浸入时间，用后仔细清洗干净。

（12）pH 电极尽量避免在无水乙醇、重铬酸钾、浓硫酸等脱水性介质中使用，因为它们会损坏电极球泡表面的水合凝胶层。

（13）不能将 pH 电极长期浸泡在中性或碱性缓冲液中，会使玻璃膜响应迟钝。

（14）可用细毛刷、棉花球、牙签等修复 pH 电极。

3）pH 缓冲液的配置（加的水都是去离子水）

pH4 缓冲液：pH 值为 4.003 的邻苯二甲酸氢钾溶液。

pH7 缓冲液：pH 值为 6.864 的磷酸二氢钾和磷酸氢二钠混合盐溶液。

pH9 缓冲液：pH 值为 9.182 的硼砂溶液。

配置步骤如下。

pH4 缓冲液：精密称取在 115±5℃下干燥 2～3h 的邻苯二甲酸氢钾（$KHC_8H_4O_4$）10.12g，加水溶解并稀释至 1000mL。

pH7 缓冲液：精密称取在 115±5℃下干燥 2～3h 的无水磷酸氢二钠 4.303g 与磷酸二氢钾 1.179g，加水溶解并稀释至 1000mL。磷酸盐标准缓冲液（pH 值为 6.8）：精密称取在 115±5℃干燥 2～3h 的无水磷酸氢二钠 3.533g 与磷酸二氢钾 3.387g，加水溶解并稀释至 1000mL。

pH9 缓冲液：精密称取硼砂（$Na_2B_4O_7 \cdot 10H_2O$）3.80g（避免风化），加水溶解并稀释至 1000mL，置于聚乙烯塑料瓶中，密塞，避免与空气中的二氧化碳接触。

4．实验电路连线

参看图 9-3-6，在 TLA-004 传感器课程实验套件上使用信号调理模块进行连线。

图 9-3-6 连线图

5．编程练习

【练习 9-3】

使用 DAQ 助手编写程序，设计换算方法及公式，实现使用 pH 计传感器测量 pH 值的实验程序。

6．想一想

pH 计传感器的信号调理电路能否设计为 3 运算放大器差分形式的放大电路？和本实验使用的原理图有何异同？

9.4 使用超声波传感器测量距离

9.4.1 实践要求

- 掌握使用 HC-SR04 模块测量距离的原理。
- 掌握使用 HC-SR04 模块测量距离的数据采集程序的编写方法。

9.4.2 传感器简介

超声波是一种频率大于 20kHz 的人耳听不见的声波，它的方向性好、穿透能力强，易于获得较集中的声能。超声波对液体、固体的穿透本领很大，尤其是对在阳光下不透明的固体。超声波在传播过程中遇到杂质或分界面会产生显著反射现象，形成反射回波，碰到活动物体能产生多普勒效应。超声波可用于测距、测速、清洗、焊接、碎石、杀菌消毒等，在医学、军事、工业、农业上有很多的应用。

超声波传感器是将超声波信号转换成其他能量信号（通常是电信号）的传感器，超声波传感器结构及外形如图 9-4-1 所示。超声波传感器分为接收一体和分体两种形式，分体型超声波传感器通过印刷"T"（发射）和"R"（接收）字符进行区分。

图 9-4-1 超声波传感器结构及外形

9.4.3 测量原理

1. 时间差测距法

超声波测距的原理是利用超声波在空气中的传播速度，测量声波在发射后遇到障碍物反射回来的时间，根据发射和接收的时间差计算出发射点到障碍物的实际距离。

当超声波传感器的发射端向某一方向发射超声波时，在发射时刻开始计时，超声波在空气中传播，途中碰到障碍物就立即返回来，超声波接收器接收到反射波就立即停止计时。当温度为 15℃时，超声波在空气中的传播速度为 340m/s，根据计时器记录的时间 t，就可以计算出发射点到障碍物的距离 S，即

$$S = 340\frac{t}{2}$$

超声波测距主要应用于倒车提醒、建筑工地、工业现场等的距离测量，虽然目前的测距量程能达到百米，但测量的精度往往只能达到厘米级。

超声波具有易于定向发射、方向性好、强度易控制、与被测量物体不需要直接接触的优点，是液面高度测量的理想手段。在精密的液面高度测量中需要达到毫米级的测量精度，但是目前国内的超声波测距专用集成电路都只有厘米级的测量精度。通过分析超声波测距误差产生的原因，提高测量时间差到微秒级，用温度传感器进行声波传播速度的补偿后，我们设计的高精度超声波测距仪能达到毫米级的测量精度。

2. 温度补偿

超声波的传播速度受空气的密度影响，空气的密度越大，超声波的传播速度越快，而空气的密度又与温度有着密切的关系。超声波的传播速度随温度的升高而增大，在 0℃时，超声波的传播速度为 331.4m/s，温度每上升 1℃，超声波的传播速度约增加 0.6m/s，可按以下公式换算：

$$v = 331.4 + 0.6T$$

式中，T 为实际温度（℃）。

9.4.4 基本电路

通常使用分体型超声波传感器分别完成发射与接收的工作，为此需要为发射端超声波传感器和接收端超声波传感器设计相应的驱动电路。

1. 发射端超声波传感器

发射端超声波传感器的驱动方式分为自激型和它激型两类。自激型振荡类似石英振子，利用超声波传感器自身的谐振特性使其在谐振频率附近产生振荡。图 9-4-2 所示为使用运算放大器的超声波传感器（发射）自激电路。

2. 接收端超声波传感器

图 9-4-3 所示为使用运算放大器的超声波传感器（接收）自激电路，放大倍数为 R_2/R_1，若一级放大增益不足，则还可增加第二级放大。

图 9-4-2　使用运算放大器的超声波传感器（发射）自激电路

图 9-4-3　使用运算放大器的超声波传感器（接收）自激电路

3. HC-SR04 模块电路

HC-SR04 模块电路（见图 9-4-4）是专门用于超声波测距的模块，由超声波发射器、超声波接收器和控制电路三个部分组成。该模块将激励电路、接收放大电路整合在一个 PCB（印制电路板）上，并设计了稳定的控制电路提供电源正极接线柱、触发（Trig）接线柱、回响（Echo）接线柱、电源地接线柱。

图 9-4-4　HC-SR04 模块电路

HC-SR04 模块参数如表 9-4-1 所示。

表 9-4-1　HC-SR04 模块参数

项　　目	参　　数	项　　目	参　　数
工作电压	直流+5V	工作电流	15mA
工作频率	40kHz	最远射程	4m
最近射程	2cm	测量角度	15°
触发信号（输入）	10μs 的 TTL 电平	回响信号（输出）	TTL 电平

图 9-4-5 所示为 HC-SR04 模块时序图，触发信号需要一个 10μs 的 TTL 电平，模块内部循环发射 8 个 40kHz 脉冲并检测回波信号。一旦检测到回波信号，将输出回响信号。回响信号的脉冲宽度与检测距离成正比。根据发射信号和收到回响信号的时间间隔即可计算测量的距离（L）。可根据下列公式计算：

$$L = \frac{\text{回响信号的时间（μs）}}{58}$$

或者根据下列公式计算：

$$L = \text{高电平时间（μs）} \times \frac{\text{声速}}{2}$$

式中，声速=340m/s。

图 9-4-5　HC-SR04 模块时序图

9.4.5　动手实践

1．测量程序编写思路

图 9-4-4 所示的 Trig（触发）信号和 Echo（回响）信号需要使用数据采集卡的计数器 Couter 端口，本节训练需要使用如 NI 6251、ELVIS 等具备 2 路计数器的采集卡。

LabVIEW 编写数据采集程序的思路可参考图 9-4-6 所示的流程。

图 9-4-6　LabVIEW 编程流程

2．元器件

HC-SR04 模块：不带温度补偿的超声波传感器一体化模块，提供触发、回响、电源和地 4 个接线端，仅需+5V 供电，方便与微控制器、数据采集卡连接。

3．实验硬件准备

找到 TLA-004 传感器课程实验套件的超声波模块，确认并准备使用超声波传感器测量距离所需的器件。确认数据采集卡具备 2 路计数器功能。

4．实验电路连线

参看图 9-4-7，在 TLA-004 传感器课程实验套件上使用杜邦线进行连线。HC-SR04 模块可直接插入面包板中固定。

图 9-4-7　连线图

5．编程练习

【练习 9-4】

使用 DAQ 助手编写程序，设计换算公式，实现使用超声波传感器测量距离的实验程序。

6．想一想

在连线之前断开电源并思考下列问题：

（1）测量回响信号时，能否使用 DIO 测量？

（2）设计一个带温度补偿的超声波传感器测距实验方案，验证两种测量方法精度的差别。

第 **10** 章

安防用途相关传感器测量任务

10.1 使用热释电红外传感器探测人的行为

10.1.1 实践要求

- 掌握热释电红外传感器的测量原理。
- 掌握使用热释电红外传感器探测人的行为的数据采集程序的编写方法。

10.1.2 传感器简介

热释电红外传感器是一种高灵敏度探测元件，能以非接触形式检测出人体辐射的红外线能量的变化，并将其转换成电压信号输出。

热释电红外传感器是主要由一种高热电系数的材料（如锆钛酸铅系陶瓷、钽酸锂、硫酸三甘肽等材料）制成的尺寸为 2mm×1mm 的敏感元件。热释电红外传感器由敏感元件、干涉滤光片和场效应管三部分组成，热释电红外传感器外部及内部如图 10-1-1 所示。

（a）外形　　　（b）内部构造　　　（c）等效电路　　　（d）引脚排列

图 10-1-1　热释电红外传感器外部及内部

敏感元件是将高热电系数的材料制成一定厚度的薄片，并在它的两面镀上金属电极，加电对其进行极化，这样便制成了热释电敏感元件。

在每个热释电红外传感器内部装入两个敏感元件，并将两个敏感元件以反极性形式串联，以抑制因自身温度升高而产生的干扰。敏感元件将探测并接收到的红外辐射转变成微弱的电压信号，该信号经装在探头内的场效应管放大后向外输出。热释电红外传感器的优缺点如图 10-1-2 所示。

优点
- 自身不产生任何类型的辐射。
- 器件功耗很小。
- 隐蔽性好。
- 价格低廉。

缺点
- 容易受各种热源、光源干扰。
- 被动红外线穿透力差，人体的红外线辐射容易被遮挡，不易被探头接收。
- 易受射频辐射的干扰。
- 当环境温度和人体温度接近时，探测和灵敏度明显下降，有时会短时失灵。

图 10-1-2　热释电红外传感器的优缺点

10.1.3　测量原理

为了提高热释电红外传感器的灵敏度，从而增大探测距离，通常会在热释电红外传感器的前方装设一个菲涅尔透镜，该透镜用透明塑料制成，利用特殊光学原理可将透镜的上、下两部分各分成若干等份，在热释电红外传感器前方产生一个交替变化的"盲区"和"高灵敏区"，以此提高热释电红外传感器探测接收的灵敏度。

人体具有相对恒定的体温，一般在 37℃ 左右。人体辐射的红外线中心波长为 9～10μm，而热释电红外传感器的波长灵敏度在 0.2～20μm 范围内几乎稳定不变。当人从透镜前走过时，人体发射的 10μm 左右的红外线通过菲涅尔透镜增强后聚集到红外感应源上。人体发出的红外线就不断地交替从"盲区"进入"高灵敏区"，这样就使接收到的红外线信号以忽强忽弱的脉冲形式输入，从而增强其能量幅度。

若将热释电红外传感器和放大电路结合，则可将信号放大 70dB 以上，这样就可以测出 10～20m 内人的行动。

10.1.4　基本电路

热释电红外传感器输出的信号非常微弱，容易受到噪声的干扰，有效信号甚至会被淹没在噪声中。研究发现，热释电红外传感器输出信号的干扰源主要来自热释电红外传感器的热噪声、固有噪声、放大器的电压和电流噪声等。热噪声是由探测器材料中的电荷载流子的随机热运动产生的。要减小热噪声带来的影响，应尽量缩短热释电红外传感器和前置放大电路之间的距离，减少外界热干扰，并在前置放大电路中串入低通滤波电路，限制噪声带宽。热释电红外传感器的固有噪声峰-峰值约为 50μV，室外热空气流动能够产生接近 250μV 的噪声峰-峰值，在室内也接近 180μV。其他可能存在的干扰，如空间电磁波干扰和机械振动等，噪声峰-峰值接近 100μV。三种噪声叠加最大峰-峰值接近 300μV。

热释电红外传感器信号调理电路（见图 10-1-3）是由一个运算放大器构成的反向放大电路。热释电红外传感器的输出信号小于 1mV，通过交流耦合方式送至运算放大器的"−"端，整个信号调理电路的放大倍数约为 100 倍。

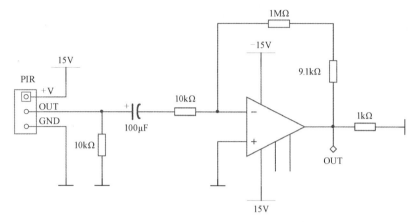

图 10-1-3   热释电红外传感器信号调理电路

10.1.5   动手实践

1．测量程序编写思路

本节训练将通过 USB-6009 数据采集卡测量图 10-1-3 所示的 OUT 端输出电压，读取热释电红外传感器及放大电路的输出电压 V_{out}，得到传感器与人体红外线的关联数据。

LabVIEW 编写数据采集程序的思路可参考图 10-1-4 所示的流程。

图 10-1-4   LabVIEW 编程流程

2．元器件

（1）D203S 热释电红外传感器：采用 TO-5 封装 3 引脚的顶部带光学滤光片窗口的传感器元件，内部含有热电感应敏感元件、干涉滤光片和场效应管，传感器的输出信号为电荷信号，需要通过电阻将其转换为电压信号用作后续处理。该传感器可承受直流 3～15V 供电。

（2）LF411 运算放大器：一个低失调、低漂移，具有 JFET 输入、高输入阻抗的运算放大器，常用于高速积分器、DAC、采样保持电路等场合。该运算放大器有 8 个引脚，常见为双列直插封装，通常情况下采用直流双电源供电。

3．实验硬件准备

找到 TLA-004 传感器课程实验套件的 7#模块和 2#模块，确认并准备使用热释电红外传感器探测人的行为所需的器件。

4．实验电路连线

参看图 10-1-5，在 TLA-004 传感器课程实验套件上使用信号调理模块进行连线。

图 10-1-5　连线图

提示：安装传感器需要注意引脚顺序，S200 波动开关设置为+12V。若输出信号幅值较小，则可将增益开关 S201C 设置为更大增益，从而方便观测。

5．编程练习

【练习 10-1】

使用 DAQ 助手编写程序，实现使用热释电红外传感器探测人的行为的实验程序。

6．想一想

如果要测量未经信号放大电路调理输出的传感器原始信号，需要如何接线？预计能看到什么样的输出信号？

10.2　使用湿敏传感器测量环境湿度

10.2.1　实践要求

- 掌握电容式湿敏传感器的测量原理。
- 掌握使用电容式湿敏传感器测量环境湿度的数据采集程序的编写方法。

10.2.2　传感器简介

湿度是衡量大气中水蒸气的多少的一个量，通常采用绝对湿度和相对湿度两种表示方法。

绝对湿度：在一定温度和压力条件下，每单位体积的混合气体中所含水蒸气的质量，单位为 g/m^3，一般用符号 AH 表示。

相对湿度：气体的绝对湿度与在同一温度下水蒸气已达到饱和时的绝对湿度之比，常表示为%RH。

相对湿度给出大气的潮湿程度，它是一个无量纲的量，在实际使用中多使用相对湿度这一概念。

在一定大气压下，将含有水蒸气的空气冷却，当温度下降到某一特定值时，空气中的水蒸气达到饱和状态，开始从气态变成液态并凝结成露珠，这种现象称为结露，这一特定温度被称为露点温度，相对湿度为 100%RH。

如果温度低于 0℃，水蒸气将结霜，该温度被称为霜点温度。两者统称为露点。空气中水蒸气气压越小，露点越低，因此可用露点表示空气中的湿度。

湿度检测方法通常有毛发湿度计法、干湿球湿度计法、露点计法和阻容式湿度计法。

湿敏传感器是一种能将被测环境湿度转换成电信号的装置。湿度检测比其他物理量的检测要困难，装置主要由两部分组成：湿敏传感器和转换电路，除此之外还包括一些辅助元件，如辅助电源、温度补偿、输出显示设备等。

湿度信息的传递必须靠水与湿敏传感器直接接触来完成，因此湿敏传感器只能直接暴露于待测环境中，不能密封。对湿敏传感器的要求如下：在各种气体环境下稳定性好、响应时间短、寿命长、有互换性、耐污染和受温度影响小等。微型化、集成化及廉价是湿敏传感器的发展方向。

湿敏传感器主要有电阻式、电容式两大类。

电阻式湿敏传感器的特点是在基片上覆盖一层用感湿材料制成的膜，当空气中的水蒸气吸附在感湿膜上时，湿敏传感器的电阻率和电阻值都发生变化，利用这一特性即可测量湿度。

电容式湿敏传感器一般是用高分子薄膜电容制成的，常用的高分子材料有聚苯乙烯、聚酰亚胺、乙酸纤维等。当环境湿度发生改变时，电容式湿敏传感器的介电常数发生变化，其电容量也发生变化，其电容变化量与相对湿度成正比。电容式湿敏传感器的主要优点是灵敏度高、产品互换性好、响应速度快、湿度的滞后量小、便于制造、容易实现小型化和集成化，其精度一般比电阻式湿敏传感器要低一些。目前厂家主要生产的电容式湿敏传感器的测量范围是相对湿度为 1%～99%，相对湿度为 55% 时的电容量为 180pF（典型值）。当相对湿度从 0 变化到 100% 时，电容量的变化范围是 163～202pF。温度系数为 0.04pF/℃，湿度滞后量为 ±1.5%，响应时间为 5s。

湿敏传感器除了有电阻式湿敏传感器、电容式湿敏传感器，还有电解质离子型湿敏传感器、重量型湿敏传感器（利用感湿膜质量的变化来改变振荡频率）、光强型湿敏传感器、声表面波湿敏传感器等。湿敏传感器的线性度及抗污染性差，在检测环境湿度时，湿敏传感器要长期暴露在待测环境中，因此很容易被污染而影响其测量精度及长期稳定性。

本训练中使用的是 HS1101 电容式湿敏传感器，如图 10-2-1 所示。HS1101 电容式湿敏传感器采用专利设计的固态聚合物结构，具有响应时间短、可靠性高和长期稳定的特点，而且不需要校准就可以完全互换。HS1101 电容式湿敏传感器在电路中等效于一个电容器，其电容值随所测空气的湿度增大而增大，在相对湿

图 10-2-1　HS1101 电容式湿敏传感器

度为 0～100%的范围内，电容值由 160pF 变化到 200pF，其相对湿度误差不大于±2%，响应时间小于 5s，温度系数为 0.04pF/℃。

10.2.3 测量原理

HS1101 电容式湿敏传感器是一种电容式相对湿度传感器，将 HS1101 电容式湿敏传感器置于 555 振荡电路中，将电容值的变化转换成电压频率信号，从而得到可以直接被数据采集电路采集的信号并用于换算处理。

空气相对湿度与 NE555 芯片输出频率存在一定的线性关系，典型频率输出特性（参考点为 6660Hz-55%/25℃）如表 10-2-1 所示。空气相对湿度与 NE555 芯片输出频率直接的关系可表示为式（10-2-1）。

表 10-2-1　典型频率输出特性（参考点为 6660Hz-55%/25℃）

相对湿度/%	0	10	20	30	40	50	60	70	80	90	100
频率/Hz	7351	7224	7100	6976	6853	6728	6600	6468	6330	6186	6033

$$F_{\text{mes Hz}} = F_{55\text{Hz}}\left(1.1038 - 1.9368\times10^{-3}\times\text{RH} + 3.0114\times10^{-6}\times\text{RH}^2 - 3.4403\times10^{-8}\times\text{RH}^3\right) \quad (10\text{-}2\text{-}1)$$

10.2.4 基本电路

图 10-2-2 所示的基本电路是一个典型的 555 非稳态电路，外围电阻 R_2、R_4 与 HS1101 电容式湿敏传感器构成了对 HS1101 电容式湿敏传感器的充电回路。7 号引脚通过 NE555 芯片内部的晶体管对地短路构成对 HS1101 电容式湿敏传感器的放电回路，并将 2 号、6 号引脚相连引入片内比较器，构成一个多谐振荡器，其中 R_4 相对 R_2 而言，R_4 的阻值必须非常小，但不能低于一个最小值。R_3 是防止短路的电阻，NE555 必须是 CMOS 版本。

图 10-2-2　基本电路

HS1101 电容式湿敏传感器作为可变电容使用，与 TRI 和 THR 引脚连接。7 号引脚作为 R_4 的短接使用。HS1101 电容式湿敏传感器的等效电容通过 R_2 和 R_4 充电至阈值电压，此时 3 号引脚由高电平变为低电平，然后通过 R_2 开始放电，由于 R_4 被 7 号引脚内部短路接地，因此只放电到触发电平（接近 $0.33V_{cc}$），这时 3 号引脚变为高电平。因为 HS1101 电容式湿敏传感器通过不同的电阻充放电，所以 R_2 和 R_4 的占空比由下列公式决定：

$$t_{\text{high}} = C@\%\text{RH} \times (R_2 + R_4) \times \ln 2 \qquad (10\text{-}2\text{-}2)$$

$$t_{\text{low}} = C@\%\text{RH} \times R_2 \times \ln 2 \qquad (10\text{-}2\text{-}3)$$

$$F = \frac{1}{t_{\text{high}} + t_{\text{low}}} = \frac{1}{C@\%\text{RH} \times (R_4 + 2R_2)\ln 2} \qquad (10\text{-}2\text{-}4)$$

$$\text{Ouput}_{\text{占空比}} = t_{\text{high}}F = \frac{R_2}{R_4 + 2R_2} \qquad (10\text{-}2\text{-}5)$$

10.2.5　动手实践

1．测量程序编写思路

本节训练将通过 USB-6009 数据采集卡测量图 10-2-2 所示的 OUT 端输出电压，读取传感器及调理电路的输出电压 V_{out} 的频率值，得到当前环境的相对湿度。

LabVIEW 编写数据采集程序的思路可参考图 10-2-3 所示的流程。

图 10-2-3　LabVIEW 编程流程

2．元器件

（1）HS1101 电容式湿敏传感器：一个基于独特工艺设计的电容元件，具有标准环境下无须校准、全互换性的特点，具备长时间饱和下快速脱湿的能力，反应时间短、可靠性高、可长时间稳定，需要通过交流激励使用。

（2）NE555 时钟集成电路：常用于定时器、脉冲产生器和振荡电路，具有 8 个引脚，常见为双列直插封装，需要+5V 单电源供电。

3．实验硬件准备

找到 TLA-004 传感器课程实验套件的相对湿度模块，确认并准备测量相对湿度所需的器件。

4．实验电路连线

参看图 10-2-4，在 TLA-004 传感器课程实验套件上使用信号调理模块进行连线。

图 10-2-4 连线图

5. 编程练习

【练习 10-2】

使用 DAQ 助手编写程序，设计换算公式，实现使用电容式湿敏传感器测量环境湿度的实验程序。

6. 想一想

如果将测量程序中的采样率设置为小于 10kHz，测量时可能会出现什么现象？

10.3 使用驻极体传声器采集、测量语音信号

10.3.1 实践要求

- 掌握驻极体传声器的工作原理。
- 掌握使用驻极体传声器采集、测量语音信号的数据采集程序的编写方法。

10.3.2 传感器简介

驻极体传声器广泛用于音频设备等电路，是最常用的一种电容传声器，具有体积小、结构简单、电声性能好、价格低的特点。驻极体传声器外形及内部结构示意图如图 10-3-1 所示。

图 10-3-1 驻极体传声器外形及内部结构示意图

驻极体传声器由声电转换和阻抗变换两部分组成。声电转换的关键元件是驻极体振动膜，它是一片极薄的塑料膜片，在其中一面蒸发上一层金属薄膜，然后经过高压电场驻极后，两面

分别驻有异性电荷。膜片的蒸金面向外，与金属外壳相连通；膜片的另一面与金属极板之间用薄的绝缘衬圈隔开，蒸金面与金属极板之间形成了一个电容。当驻极体膜片遇到声波振动时，引起电容两端的电场发生变化，从而产生随声波变化而变化的交变电压。驻极体膜片与金属极板之间的电容量比较小，一般为数十皮法。因而它的输出阻抗值很高（$X_C=1/2\pi fC$），达数十兆欧以上。这样高的阻抗是不能直接与音频放大器相匹配的。所以在传声器内接入一只结型场效应管来进行阻抗变换。

场效应管的特点是输入阻抗极高、噪声系数低。普通场效应管有源极 S、栅极 G 和漏极 D 三个极。这里使用的是在内部源极和栅极间再复合一只二极管的专用场效应管。接二极管的目的是在场效应管受强信号冲击时起保护作用。场效应管的栅极接金属极板。常见的驻极体传声器有两根线或三根线，图 10-3-1 所示为三根线的驻极体传声器。

10.3.3　测量原理

在驻极体传声器中，有一只场效应管做预放大处理，因此驻极体传声器在正常工作时，需要一定的偏置电压，这个偏置电压一般不大于 10V。

驻极体传声器的输出有源极输出和漏极输出两种接法。源极输出类似晶体三极管的发射极输出，需用三根引出线。漏极 D 接地。源极 S 与电源正极之间接一电阻 R_s 来提供源极电压，信号由源极 S 经电容 C 输出，编织线接地起屏蔽作用。在该接法中，源极的输出阻抗小于 2kΩ，电路比较稳定、动态范围大，但输出信号比漏极输出接法的输出信号要小。

漏极输出类似晶体三极管的共发射极放大电路输出配置，只需两根引出线。漏极 D 与电源正极间接一漏极电阻 R_D，信号由漏极 D 经电容 C 输出。源极 S 与编织线一起接地。漏极输出有电压增益，因而传声器的灵敏度比源极输出时要高，但电路动态范围略小。驻极体漏极输出与源极输出接法如图 10-3-2 所示。

|（a）源极输出|（b）漏极输出|

图 10-3-2　驻极体漏极输出与源极输出接法

R_S 和 R_D 的大小要根据电源电压大小来确定，一般可选在 2.2～5.1kΩ。例如，当电源电压为 6V 时，R_S=4.7kΩ，R_D=2.2kΩ。

10.3.4　基本电路

由于驻极体传声器需要提供偏压使其内部的补偿用场效应管正常工作，保证其能输出随声音振动变化带来的电压信号，为此可以通过图 10-3-3 所示的运算放大器的反相放大电路实现，需要注意的是 R_2 和 R_4 组成串联电路将运算放大器的同相输入端电压抬升到了 $1/2V_{cc}$，从而保证运算放大器单电源正常工作。

图 10-3-3　运算放大器的反相放大电路

10.3.5　动手实践

1．测量程序编写思路

本节训练将通过 USB-6009 数据采集卡测量图 10-3-3 所示的 OUT 端输出电压，读取驻极体传声器及调理电路的输出电压 V_{out}，得到在当前环境下采集的语音信号。

LabVIEW 编写数据采集程序的思路可参考图 10-3-4 所示的流程。

图 10-3-4　LabVIEW 编程流程

2．元器件

（1）驻极体传声器：一种电容式传声器，需要提供偏压才能正常工作。通常有两个引脚，外壳接地。

（2）μA741 运算放大器：一款经典的通用（单）运算放大器，通常需要双电源供电（本实验中采用单电源供电）。

3．实验硬件准备

找到 TLA-004 传感器课程实验套件的驻极体传声器模块，确认并准备使用驻极体传声器采集、测量语言信号所需的器件。

4．实验电路连线

参看图 10-3-5，在 TLA-004 传感器课程实验套件上进行连线。

图 10-3-5　连线图

5．编程练习

【练习 10-3】

使用 DAQ 助手编写程序，实现使用驻极体传声器采集、测量语音信号的实验程序，并尝试为程序添加快速傅里叶变换（FFT）分析功能。

6．想一想

若本实验中的传感器不使用驻极体传声器，而是使用动圈式传声器，请查阅相关资料后回答，本实验中有哪些相关内容需要做改动？具体有哪些设计需要变化？

10.4　使用气敏传感器测量环境酒精泄漏

10.4.1　实践要求

- 掌握气敏传感器的工作原理。

10.4.2　传感器简介

气敏传感器是能够感知环境中某种气体及其浓度的一种气体敏感元件，它可以将气体种类及其有关浓度的信息转换成电信号，根据这些电信号的强弱可获得与待测气体在环境中存在情况有关的信息。

常用的气敏传感器有半导体气敏传感器、接触燃烧式气敏传感器和电化学气敏传感器等。其中，半导体气敏传感器应用最多。

半导体气敏传感器的工作原理是利用半导体气体敏感元件同气体接触，使得半导体的电导率等物理性质发生变化的原理来检测特定气体的成分或浓度。半导体气敏传感器的材料是金属氧化物半导体。其中 P 型半导体气敏传感器使用 CoO、PbO、CuO、NiO 等材料；N 型半导体气敏传感器使用 SnO_2、Fe_2O_3、ZnO、WO_3 等材料；使用合成材料有时会渗入催化剂，如 Pd（钯）、Pt（铂）、Ag（银）等。

半导体气敏材料吸附气体的能力很强。当半导体器件被加热到稳定状态，在气体接触半导体表面而被吸附时，被吸附的分子首先在表面上物性自由扩散，失去运动能量，一部分分子被蒸发掉，另一部分残留分子产生热分解而固定在吸附处（化学吸附）。被吸附的气体会和半导体气敏材料发生化学反应，引起阻值变化。半导体气敏传感器可分为电阻式气敏传感器和非电阻式气敏传感器两种。半导体气敏传感器分类如图 10-4-1 所示。

电阻式气敏传感器具有工艺简单、价格便宜、使用方便、气体浓度发生变化时响应迅速、在低浓度下灵敏度较高的特点，同时也具有稳定性差、老化较快、气体识别能力不强、各器件之间的特性差异大等现实缺点。

图 10-4-1　半导体气敏传感器分类

非电阻式气敏传感器是利用 MOS 二极管的电容与电压的变化及 MOS 场效应管（MOSFET）的阈值电压的变化等特性而制成的气体敏感元件。优点：由于这类气敏传感器的制造工艺成熟，便于气敏传感器集成化，因此其性能稳定且价格便宜。利用特定材料还可以使气敏传感器对某些气体特别敏感。缺点：稳定性差、老化较快、气体识别能力不强、各气敏传感器之间的特性差异大等。

烧结型气敏传感器是先将一定比例的金属氧化物粉料（SnO_2、ZnO 等）和一些掺杂剂（Pt、Pb 等）用水或黏合剂调和，经研磨使其混合均匀；然后将混合好的膏状物倒入模具，埋入加热丝和测量电极，经传统的制陶方法烧结；最后将加热丝和电极焊在管座上，加上特制外壳构成的。优点：烧结型气敏传感器制作方法简单、寿命长。缺点：烧结型气敏传感器若烧结不充分，则机械强度不高；电极材料较贵重，电性能一致性较差，因此应用受到一定限制。直热式烧结型气敏传感器和旁热式烧结型气敏传感器分别如图 10-4-2 和图 10-4-3 所示。

图 10-4-2　直热式烧结型气敏传感器

图 10-4-3　旁热式烧结型气敏传感器

薄膜型气敏传感器的制作采用蒸发或溅射的方法，在处理好的石英基片上形成一薄层金属氧化物薄膜（如 SnO_2、ZnO 等），再引出电极。优点：灵敏度高、响应迅速、机械强度高、互换性好、产量高、成本低等。

厚膜型气敏传感器是将 SnO_2 和 ZnO 等材料与一定比例的硅凝胶混合制成能印刷的厚膜胶，把厚膜胶用丝网印制到装有 Pt 电极的 Al_2O_3 绝缘基片上，在 400～800℃高温下烧结 1～2h 制成的。优点：一致性好、机械强度高、适于批量生产。

MQ3 气敏传感器使用的气敏材料是在清洁空气中电导率较低的 SnO_2。当 MQ3 气敏传感器所处环境中存在酒精气体时，MQ3 气敏传感器的电导率随空气中酒精气体浓度的增大而增大。使用简单的电路即可将电导率的变化转换为与酒精气体浓度相对应的输出信号。

MQ3 气敏传感器对酒精的灵敏度高，可以抵抗汽油、烟雾、水蒸气的干扰。这种传感器可检测多种浓度的酒精气氛，是一款适合多种应用的低成本传感器。

10.4.3　测量原理

MQ3 气敏传感器是气敏传感器的一种，具有很高的灵敏度、良好的选择性、长期的使用寿命和可靠的稳定性。MQ3 气敏传感器由微型 Al_2O_3、陶瓷管、SnO_2 敏感层、测量电极和加热器构成，气体敏感元件固定在塑料或不锈钢的腔体内，加热器为气体敏感元件的工作提供了必要的工作条件。

MQ3 气敏传感器的标准回路由两部分组成：一部分为加热回路；另一部分为信号输出回路，它可以准确反映该传感器表面电阻值的变化。MQ3 气敏传感器表面电阻值 R_S 的变化，是通过与其串联的负载电阻 R_L 上的有效电压信号 V_{RL} 获得的。二者之间的关系表述为 $\dfrac{R_S}{R_L} = \dfrac{(V_C - V_{RL})}{V_{RL}}$，其中 V_C 为回路电压，大小为 10V。负载电阻值 R_L 可调为 0.5～200kΩ，加热电压 U_h 为 5V。MQ3 气敏传感器的输出电压为 0～5V。MQ3 气敏传感器的外观和相应的结构形式如图 10-4-4 所示。

图 10-4-4　MQ3 气敏传感器的外观和相应的结构形式

10.4.4　基本电路

MQ3 气敏传感器工作原理电路如图 10-4-5 所示。利用该电路使得 MQ3 实验模块具有模拟信号和适用于数字电路的高低电平输出，模拟信号输出 0～5V 电压，气体浓度越大，输出电压越高。图 10-4-6 所示为 MQ3 模块外观及接线柱。

图 10-4-5　MQ3 气敏传感器工作原理电路

图 10-4-6　MQ3 模块外观及接线柱

10.4.5　动手实践

1．测量程序编写思路

本节训练将通过 USB-6009 数据采集卡测量图 10-4-5 所示的 OUT 端输出电压，读取 MQ3 气敏传感器的输出电压 V_{out}，得到当前环境下传感器的输出信号。

LabVIEW 编写数据采集程序的思路可参考图 10-4-7 所示的流程。

图 10-4-7　LabVIEW 编程流程

2．元器件

（1）MQ3 气敏传感器：一种用于气体泄漏检测的传感器，适用于检测酒精、甲烷、己烷、液化石油气、一氧化碳。由于响应时间短，所以测量可以尽快进行。

（2）µA741 运算放大器：一款经典的通用（单）运算放大器，通常需要双电源供电（本实验中采用单电源供电）。

3．实验硬件准备

找到 TLA-004 传感器课程实验套件的 MQ3 模块，确认并准备使用 MQ3 气敏传感器测量环境酒精泄漏所需的器件。

4．实验电路连线

参看图 10-4-8，在 TLA-004 传感器课程实验套件上进行连线。

图 10-4-8　连线图

5．编程练习

【练习 10-4】

使用 DAQ 助手编写程序，实现使用 MQ3 气敏传感器测量环境酒精泄漏的实验程序，并尝试为测量程序添加阈值报警功能。

6．想一想

查阅相关资料后，请回答使用 MQ3 气敏传感器是否能够测定气体的浓度？

第11章

加速度传感器测量任务

11.1 使用压电式加速度传感器测量振动信号

11.1.1 实践要求

- 掌握压电式加速度传感器的工作原理。
- 掌握使用压电式加速度传感器测量振动信号的数据采集程序的编写方法。

11.1.2 传感器简介

在现代工业和自动化生产过程中，非电物理量的测量和控制技术会涉及大量的动态测试问题。动态测试是指量的瞬时值及随时间而变化的值的确定，即被测量为变量的连续测量过程。这一过程以动态信号为特征，研究了测试系统的动态特性的相关问题，而动态测试中振动和冲击的精确测量尤其重要。振动与冲击测量的核心是传感器，通常会使用加速度传感器来获取冲击和振动信号。加速度测量是基于测量仪器检测质量敏感加速度产生的惯性力的一种物理量测量，是一种全自主的惯性测量。加速度测量广泛应用于航天、航空和航海的惯性导航系统及运载武器的制导系统，在振动试验、地震监测、爆破工程、地基测量、地矿勘测等领域也有广泛的应用。

加速度传感器是一种能够测量加速度的传感器，通常由质量块、阻尼器、弹性元件、敏感元件和调理电路等组成。加速度传感器在加速过程中，通过对质量块所受惯性力的测量，利用牛顿第二定律获得加速度值。

1. 加速度传感器的分类

根据加速度传感器敏感元件的不同，常见的加速度传感器包括电容式加速度传感器、电感式加速度传感器、应变式加速度传感器、压阻式加速度传感器、压电式加速度传感器、伺服式加速度传感器等。按检测质量的支承方式分类，加速度传感器可分为悬臂梁式加速度传感器、摆式加速度传感器、折叠梁式加速度传感器、简支承梁式加速度传感器等。

1）压电式加速度传感器

压电式加速度传感器又称为压电加速度计，它属于惯性式传感器。压电式加速度传感器利用的是压电陶瓷或石英晶体的压电效应。压电式加速度传感器受振时，质量块加在压电元件上的力也随之变化。当被测振动频率远低于压电式加速度传感器的固有频率时，力的变化与被测加速度成正比。

2）压阻式加速度传感器

基于世界领先的 MEMS（微机电系统）硅微加工技术，压阻式加速度传感器具有体积小、功耗低等特点，易于集成在各种模拟和数字电路中，广泛应用于汽车碰撞实验、测试仪器、设备振动监测等领域。

3）电容式加速度传感器

电容式加速度传感器是基于电容原理的极距变化型电容传感器。电容式加速度传感器是比较通用的加速度传感器。电容式加速度传感器在某些领域无可替代，如安全气囊、手机移动设备等。电容式加速度传感器采用了 MEMS 工艺，在大量生产时变得经济，从而保证了较低的成本。

4）伺服式加速度传感器

伺服式加速度传感器是一种闭环测试系统，具有动态性能好、动态范围大和线性度好等特点。工作原理：传感器的振动系统由"m-k"系统组成，与一般加速度传感器相同，但质量块上还连接着一个电磁线圈，当基座上有加速度输入时，质量块偏离平衡位置，该位移大小由位移传感器检测出来，经伺服放大器放大后转换为电流输出，该电流流过电磁线圈，在永久磁铁的磁场中产生电磁恢复力，使质量块保持在仪表壳体中原来的平衡位置上，所以伺服式加速度传感器在闭环状态下工作。

由于有反馈作用，增强了抗干扰的能力，提高了测量精度，扩大了测量范围，所以伺服式加速度传感器广泛地应用于惯性导航系统和惯性制导系统，在高精度的振动测量和标定中也有应用。

2. 压电式加速度传感器的结构

本实验针对压电式加速度传感器展开说明。自 1880 年 J.居里和 P.居里发现压电效应以来，这种类型的传感器就广泛应用于各个领域。经过近半个世纪的发展，压电式加速度传感器的材料、结构设计和工艺都有了很大的进步，这些对改善压电式加速度传感器的性能起到了至关重要的作用。

压电材料性能的改进及新型压电材料的研制成功，极大地推动了压电式加速度传感器的进步。从最开始的石英到 $BaTiO_3$ 压电陶瓷、锆钛酸铅（PZT）压电陶瓷，再到压电聚合物［如聚偏二氟乙烯（PVDF）］等新型压电材料，压电材料制备工艺的进展对压电材料的应用及理论研究具有推动作用，单晶技术的进展培育了许多实用化的压电材料，薄膜工艺的进展为压电元件的平面化、集成化创造了条件。压电材料的这一系列进步为设计大量高性能的压电元件提供了技术保障。

压电式加速度传感器由最初的基座压缩式结构形式（这种结构易受外界环境影响）演变

为中心安装压缩型，然后又改进为性能最佳的剪切型设计，如环形剪切型。虽然剪切型的性能优异，但是剪切型的结构决定了它不能承受较强的冲击。并且，剪切型对工艺的要求很高。为了提高低频灵敏度，后来还研制出了压电梁式加速度传感器。随着 MEMS 技术和微机械加工技术的发展，出现了可以把质量块、压电元件和基座做成一体的微小型压电式加速度传感器，和可以把信号处理电路与传感器做在同一基片上的 ICP 传感器。

压电式加速度传感器是典型的有源传感器，它以压电材料为转换元件，将加速度输入转化成与之成正比的电荷或电压输出，具有结构简单、质量小、体积小、耐高温、固有频率高、输出线性好、测量的动态范围大、安装简单等特点。图 11-1-1 所示为 3 种形式的压电式加速度传感器结构示意图。

（a）中心安装压缩型　　（b）环形剪切型　　（c）三角剪切型　　（d）加速度传感器实物外形

S—弹簧；M—质量块；B—基座；P—压电元件；R—夹持环。

图 11-1-1　3 种形式的压电式加速度传感器结构示意图

图 11-1-1（a）所示为中心安装压缩型，压电元件—质量块—弹簧装在圆形中心的支柱上，支柱与基座连接。这种结构有高的共振频率。然而基座与测试对象连接时，如果基座有变形，则将直接影响拾振器输出。此外，测试对象和环境温度变化将影响压电元件，并使预紧力发生变化，易引起温度漂移。

图 11-1-1（b）所示为环形剪切型，结构简单，能做成极小型、高共振频率的加速度传感器，环形质量块黏在装在中心支柱上的环形压电元件上。由于黏接剂会随温度升高而变软，因此最高工作温度受到限制。

图 11-1-1（c）所示为三角剪切型，用夹持环将压电元件夹牢在三角形中心支柱上。加速度传感器感受轴向振动时，压电元件承受切应力。这种结构对基座变形和温度变化有极好的隔离作用，有较高的共振频率和良好的线性。

实际测量时，将图 11-1-1 所示的任一种结构的基座与待测物刚性地固定在一起。当待测物运动时，基座与待测物以同一加速度运动，压电元件受到质量块与加速度相反方向的惯性力的作用，在压电元件的两个表面上产生交变电荷（电压）。当振动频率远低于压电式加速传感器的固有频率时，压电式加速传感器的输出电荷（电压）与作用力成正比。电信号经前置放大器放大，即可由一般测量仪器测试出电荷（电压）大小，从而得出物体的加速度。在 1~64Hz 的设备频率下，典型的加速度测量范围为 $0.1g$~$10g$。

3. 压电式加速度传感器的幅频特性与安装方式

压电式加速度传感器的使用上限频率取决于幅频特性中的共振频率，压电式加速度传感器的幅频特性曲线如图 11-1-2 所示。一般小阻尼（$z \leqslant 0.1$）的压电式加速度传感器，使用上限频率若取为共振频率的 1/3，则可保证幅值误差低于 1dB（12%）；若取为共振频率的 1/5，则可保证幅值误差小于 0.5dB（6%），相移小于 30°。但共振频率与压电式加速度传感器的固定状况有关，压电式加速度传感器出厂时给出的幅频特性曲线是在刚性连接的固定情况下得到的。实际使用的固定方法往往难以达到刚性连接，因此共振频率和使用上限频率都会有所下降。

图 11-1-2　压电式加速度传感器的幅频特性曲线

在图 11-1-3 中，a 采用钢螺栓固定，这是使共振频率能达到出厂共振频率的最好方法。钢螺栓不得全部拧入基座螺孔，以免引起基座变形，影响压电式加速度传感器的输出。在安装面上涂一层硅脂可增加不平整安装表面的连接可靠性。需要绝缘时可用绝缘螺栓和云母垫圈来固定压电式加速度传感器，但云母垫圈应尽量薄。用一层薄蜡把压电式加速度传感器黏在试件平整表面上，这种方法可用于低温（40℃以下）场合。手持探针测振方法在多点测试时使用特别方便，但测量误差较大、重复性差，使用上限频率一般不高于 1000Hz。用专用永久磁铁固定压电式加速度传感器，使用方便，多在低频测量中使用，此方法也可使压电式加速度传感器与试件绝缘。用硬性黏接螺栓或黏接剂的固定方法也常被使用。某种典型的压电式加速度传感器采用上述各种固定方法的共振频率：钢螺栓固定法约为 31kHz、云母垫圈法约为 28kHz、涂薄蜡层法约为 29kHz、手持法约为 2kHz、永久磁铁固定法约为 7kHz。

图 11-1-3　压电式加速度传感器的几种固定连接方法

4. 压电式加速度传感器的灵敏度

压电式加速度传感器属于发电型传感器，可把它看成电压源或电荷源，因此灵敏度有电压灵敏度和电荷灵敏度两种表示方法。前者是压电式加速度传感器输出电压（mV）与加速度之比；后者是压电式加速度传感器输出电荷与加速度之比。加速度的单位为 m/s^2，但在振动测量中往往用标准重力加速度 g 作为单位，$g \approx 9.80665 m/s^2$。这是一种已为大家所接受的表示方式，几乎所有测振仪器都用 g 作为加速度单位并在仪器的板面上和说明书中标出。对于给定的压电材料而言，灵敏度随质量块的增大或压电元件的增多而升高。一般来说，压电式加速度传感器尺寸越大，其固有频率越低。因此选用压电式加速度传感器时应当权衡灵敏度和结构尺寸、附加质量的影响和频率响应特性之间的利弊。

压电式加速度传感器的横向灵敏度表示它对横向（垂直于压电式加速度传感器轴线）振动的敏感程度，横向灵敏度常以主灵敏度（压电式加速度传感器的电压灵敏度或电荷灵敏度）的百分比表示。一般在壳体上用小红点标出最小横向灵敏度的方向，一个优良的压电式加速度传感器的横向灵敏度应小于主灵敏度的 3％。因此，压电式加速度传感器在测试时具有明显的方向性。

5. 压电式加速度传感器的压电材料

压电式加速度传感器的压电材料一般有以下三类。第一类是压电晶体，如石英晶体。第二类是经过极化处理的压电陶瓷。压电陶瓷是人工制造的多晶压电材料，它比石英晶体的压电灵敏度高得多，而且制造成本较低，因此目前国内外生产的压电元件绝大多数都采用压电陶瓷。常用的压电陶瓷有锆钛酸铅系列压电陶瓷（PZT）及非铅系列压电陶瓷（$BaTiO_3$ 等）。第三类是高分子压电材料。典型的高分子压电材料有聚偏二乙烯（PVF_2 或 PVDF）、聚氟乙烯（PVF）、改性聚氯乙烯（PVC）等。高分子压电材料是一种柔软的压电材料，可根据需要支撑薄膜或电缆套管等的形状。它不易破碎，具有防水性，可以大量连续拉制，可以制成较大的面积或较长的尺度，价格便宜，频率响应范围较大，测量动态范围可达 80dB。

11.1.3 测量原理

压电式加速度传感器的测量原理为压电元件的电荷输出与所受的力成正比，而所受的力在敏感质量一定的情况下与加速度成正比。在一定条件下，压电元件受力后产生的电荷量与所受的加速度成正比。经过简化后的方程为

$$Q = d_{ij}F = d_{ij}Ma \tag{11-1-1}$$

式中，Q 为压电元件输出的电荷量；d_{ij} 为压电元件的二阶压电张量；F 为作用力；M 为传感器的敏感质量；a 为所受振动加速度。

每个压电式加速度传感器内装压电元件的二阶压电张量是一定的，敏感质量 M 是一个常量，所以式（11-1-1）说明压电式加速度传感器产生的电荷量与振动加速度成正比。这就是压电式加速度传感器完成机电转换的工作原理。

压电式加速度传感器承受单位振动加速度能输出电荷量的多少，称为电荷灵敏度，单位为 pC/（m·s^{-2}）。

压电式加速度传感器实质上相当于一个电荷源和一个电容器，通过等效电路简化后，可算出压电式加速度传感器的电压灵敏度为

$$S_V = S_Q / C_a \tag{11-1-2}$$

式中，S_V 为传感器的电压灵敏度，单位为 mV/（m·s^{-2}）；S_Q 为传感器的电荷灵敏度，单位为 pC/（m·s^{-2}）；C_a 为传感器的电容量，单位为 pF。

压电式加速度传感器在使用中最主要的三项指标：电荷灵敏度（或电压灵敏度）、共振频率（工作频率在共振频率的 1/3 以下）、最大灵敏度比。

由于压电式加速度传感器的输出电信号是微弱的电荷，而且传感器本身有很大内阻，因此输出能量甚微，这给后接电路带来一定困难。因此，通常会把传感器信号先输入高输入阻抗的前置放大器中，只有经过阻抗变换以后，才能用于一般的放大、检测电路。

11.1.4　基本电路

由于压电式加速度传感器输出的是电荷信号，因此压电式加速度传感器的输出信号需要连接一个可以将电荷转换为电压信号的电荷放大器，将压电式加速度传感器的输出信号转换成电压信号提供给数据采集设备。图 11-1-4 所示为电荷放大器基本电路。

图 11-1-4　电荷放大器基本电路

11.1.5　动手实践

1．测量程序编写思路

本节训练将通过 USB-6009 数据采集卡测量图 11-1-4 所示的 OUT 端输出电压，读取压电式加速度传感器经电荷放大器后的输出电压 V_{out}，得到压电式加速度传感器测量的加速度信号。

LabVIEW 编写数据采集程序的思路可参考图 11-1-5 所示的流程。

图 11-1-5　LabVIEW 编程流程

2．元器件

（1）压电式加速度传感器：一种测量振动信号的有源传感器，直接输出的是电荷信号。需要通过电荷放大器将电荷信号转换为电压信号，用于加速度信号的数据采集。

（2）LF411 运算放大器：一个低失调、低漂移，具有 JFET 输入、高输入阻抗的运算放大器。由于电荷放大器需要极大的输入电阻值和极小的偏置电流，因此选择该型号的运算放大器。

3．实验硬件准备

找到 TLA-004 传感器课程实验套件的电荷放大器模块，确认并准备使用压电式加速度传感器测量振动信号所需的器件。

提示：本实验需要通过振动实验台（或电动机、旋转机械）提供振动信号，压电式加速度传感器方可测量到相应的加速度值。压电式加速度传感器通常配有 BNC 接口及屏蔽信号线。

4. 实验电路连线

参看图 11-1-6 所示的连线图，在 TLA-004 传感器课程实验套件上完成连线。

图 11-1-6　连线图

5. 编程练习

【练习 11-1】

使用 DAQ 助手编写程序，实现使用压电式加速度传感器测量振动信号的实验程序，并为测量程序添加 FFT 分析功能。

6. 想一想

自行查阅相关资料，说说 IEPE 加速度传感器和压电式加速度传感器的区别。

11.2　使用 MEMS 3 轴加速度传感器测量倾角

11.2.1　实践要求

- 掌握 MEMS 3 轴加速度传感器的工作原理。
- 掌握 MEMS 3 轴加速度传感器角度与重力加速度的转换关系。
- 掌握 MEMS 3 轴加速度传感器数据采集的方法。

11.2.2　传感器简介

加速度传感器是一种惯性式传感器，能够测量物体的加速力。加速力就是指物体在加速过程中作用在物体上的力，如地球引力（重力）。加速力可以是常量，比如 g，也可以是变量。

MEMS 加速度传感器是使用 MEMS 技术制造的加速度传感器（计）。由于采用了 MEMS 技术，大大缩小了其尺寸，所以一个 MEMS 加速度传感器只有指甲盖的几分之一大小。MEMS

加速度传感器具有体积小、质量小、能耗低等优点。

图 11-2-1 所示为 MEMS 技术的两种 3 轴加速度传感器，图 11-2-1（a）所示为可输出数字信号的 3 轴加速度传感器 ADXL345，图 11-2-1（b）所示为可输出模拟信号的 3 轴加速度传感器 MMA7361。

（a）可输出数字信号的 3 轴加速度传感器 ADXL345　　　（b）可输出模拟信号的 3 轴加速度传感器 MMA7361

图 11-2-1　MEMS 技术的两种 3 轴加速度传感器

通过测量由重力引起的加速度，可以计算出设备相对于水平面的倾斜角度。通过分析动态加速度，进而分析设备的移动方式。根据这一思路，工程师已经想出了许多方法获取更多与设备相关的有用信息。例如，监测笔记本电脑使用过程中的振动情况，并判断是否因剧烈振动而需要暂时关闭硬盘；还可以监测摄像机的振动情况，并判断是否需要自动调节镜头的聚焦。此外，MEMS 加速度传感器还可以用来分析发动机的振动，汽车防撞气囊的启动也可以由 MEMS 加速度传感器控制。

MEMS 加速度传感器分为压电式 MEMS 加速度传感器、容感式 MEMS 加速度传感器、热感式 MEMS 加速度传感器。

（1）压电式 MEMS 加速度传感器运用的是压电效应，在其内部有一个刚体支撑的质量块，在有运动的情况下质量块会产生压力，刚体产生应变，把加速度转变成电信号输出。

（2）容感式 MEMS 加速度传感器内部也存在一个质量块，从单个单元来看，它是标准的平板电容器。加速度的变化带动活动质量块的移动从而改变平板电容器两极的间距和正对面积，通过测量电容变化量来计算加速度。

（3）热感式 MEMS 加速度传感器内部没有质量块，它的中央有一个加热体，周边是温度传感器，里面是密闭的气腔，工作时在加热体的作用下，气体在内部形成一个热气团，热气团的比重和周围的冷气是有差异的，通过惯性热气团的移动形成的热场变化让感应器感应到加速度值。

压电式 MEMS 加速度传感器内部有刚体支撑，在通常情况下，压电式 MEMS 加速度传感器只能感应到"动态"加速度，而不能感应到"静态"加速度，也就是我们所说的重力加速度。而容感式 MEMS 加速度传感器和热感式 MEMS 加速度传感器既能感应到"动态"加速度，又能感应到"静态"加速度。

11.2.3　测量原理

当加速度传感器连同外界物体（该物体的加速度就是待测的加速度）一起加速运动时，质量块就受到惯性力的作用向相反的方向运动。质量块发生的位移受到弹簧和阻尼器的限制。

显然该位移与外界加速度具有一一对应的关系：一方面，当外界加速度固定时，质量块具有确定的位移，当外界加速度变化时（只要变化不是很快），质量块的位移也发生相应的变化；另一方面，当质量块发生位移时，可动臂和固定臂（即感应器）之间的电容就会发生相应的变化。如果测得了感应器输出电压的变化就等同于测得了执行器（质量块）的位移，那么输出电压与外界加速度也就有了确定的关系，即通过输出电压就能测得外界加速度。加速度传感器的工作原理如图 11-2-2 所示。

（a）执行器的力学结构示意图　　　　（b）传感器的电学原理图

图 11-2-2　加速度传感器的工作原理

具体地说，V_m 表示输入电压，V_s 表示输出电压，C_{s1} 与 C_{s2} 分别表示固定臂与可动臂之间的两个电容（见图 11-2-2），则输入信号和输出信号之间的关系可表示为

$$V_s = \frac{C_{s1} - C_{s2}}{C_{s1} + C_{s2}} V_m \qquad (11\text{-}2\text{-}1)$$

其中，电容与位移之间的关系由电容的定义给出：

$$C_{s1} = \frac{\varepsilon_0 \varepsilon}{d - x} \qquad (11\text{-}2\text{-}2)$$

$$C_{s2} = \frac{\varepsilon_0 \varepsilon}{d - x} \qquad (11\text{-}2\text{-}3)$$

式中，x 是可动臂（执行器）的位移；d 是没有加速度时固定臂与可动臂之间的距离。由式（11-2-1）～式（11-2-3）可得

$$V_s = \frac{x}{d} V_m \qquad (11\text{-}2\text{-}4)$$

根据力学原理，在稳定情况下，质量块的力学方程为

$$kx = -ma_{ext} \qquad (11\text{-}2\text{-}5)$$

式中，k 为弹簧的劲度系数；m 为质量块的质量。因此，外界加速度与输出电压的关系为

$$a_{ext} = \frac{kx}{m} = \frac{kdV_s}{mV_m} \qquad (11\text{-}2\text{-}6)$$

因此，在加速度传感器的结构和输入电压确定的情况下，输出电压与加速度呈正比关系。

假设加速度传感器的 X 轴与水平面 xy 间的夹角为 α（称为俯仰角），Y 轴与水平面 xy 间的夹角为 β（称为滚转角），Z 轴与重力方向夹角为 γ。重力加速度在 X、Y、Z 三个轴上的投影如图 11-2-3 所示。

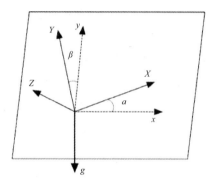

图 11-2-3　重力加速度在 X、Y、Z 三个轴上的投影

重力加速度在 X、Y、Z 三个轴上的投影为三个轴传感器的读数，因此可计算出：

$$\alpha = \arcsin\left(\frac{\alpha_x}{g}\right) \tag{11-2-7}$$

$$\beta = \arcsin\left(\frac{\alpha_y}{g}\right) \tag{11-2-8}$$

$$\gamma = \arccos\left(\frac{\alpha_z}{g}\right) \tag{11-2-9}$$

根据三个轴加速度的矢量和等于重力加速度，即

$$\sqrt{a_x^{\,2} + a_y^{\,2} + a_z^{\,2}} = g \tag{11-2-10}$$

可以推导出计算三个角度的另一种表达式：

$$\alpha = \arctan\left(\frac{a_x}{\sqrt{a_y^{\,2} + a_z^{\,2}}}\right) \tag{11-2-11}$$

$$\beta = \arctan\left(\frac{a_y}{\sqrt{a_x^{\,2} + a_z^{\,2}}}\right) \tag{11-2-12}$$

$$\gamma = \arctan\left(\frac{\sqrt{a_x^{\,2} + a_y^{\,2}}}{a_z}\right) \tag{11-2-13}$$

11.2.4　基本电路

通常 MEMS 3 轴加速度传感器输出的信号有两种：模拟信号和数字信号。输出模拟信号的 MEMS 3 轴加速度传感器（如 MMA7361），其输出的模拟信号与对应方向轴上的加速度值对应，该模拟信号小于 10V，可与模拟数据采集设备相连。输出数字信号的 MEMS 3 轴加速度传感器（如 ADXL345），输出的数字信号与对应方向轴上的加速度值对应，该型号传感器需要与单片机或微控制器相连，结合相应的控制程序，读取并转换数字信号为可读的加速度值。

本实验使用 Freescale 公司的 MMA7361 作为实验用传感器，MMA7361 是高性价比的微型电容式 MEMS 3 轴加速度传感器。内部采用了信号调理、单级低通滤波和温度补偿技术，

提供了两种可选的灵敏度量程（±1.5g、±6g），以及接口和休眠模式接口，带有的低通滤波器已做 0g 补偿，输出的 3 轴加速度信号是模拟量。

MMA7361 使用的是 14 引脚的触点陈列封装（见图 11-2-4），该贴片形式的封装需要焊接在印制电路板上才便于实验接线测量。MMA7361 印制电路板实物如图 11-2-5 所示。该电路板增加了稳压电路，从而保证输入+5V 直流电压，也能获得 MMA7361 芯片所需使用的+3.3V 直流电压。MMA7361 印制电路板引脚布局如图 11-2-6 所示。

图 11-2-4 MMA7361 触点陈列封装

图 11-2-5 MMA7361 印制电路板实物

图 11-2-6 MMA7361 印制电路板引脚布局

电路板若使用+5V 供电，则接 5V 和 GND 接线端；若使用+3.3V 供电，则接 3.3V 和 GND 接线端；+5V 和+3.3V 不需同时供电。

GS 接线端悬空或默认接低电平 0 时，量程选择为 1.5g（灵敏度为 800mV/g）；若接+5V 或高电平 1，则量程为 6g（灵敏度为 200mV/g）。

SL 接线端悬空时默认为高电平 1，上电后，X、Y、Z 接线端就有输出；SL 接线端若接低电平 0，则会让芯片进入休眠，从而降低芯片功耗。

OG 接线端为自由落体检测接线端，正常情况下输出为低电平 0，芯片电路板自由掉落时，输出为高电平 1，该接线端可用于触发报警信号。MEMS 3 轴加速度传感器 X、Y、Z 轴与方向的对应关系如图 11-2-7 所示。

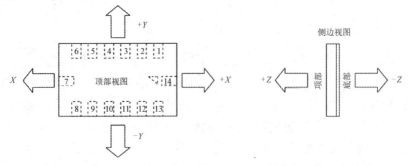

图 11-2-7 MEMS 3 轴加速度传感器 X、Y、Z 轴与方向的对应关系

MMA7361 不同状态下理论输出电压值如图 11-2-8 所示。

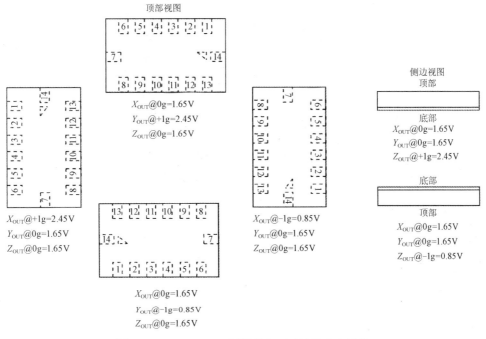

图 11-2-8　MMA7361 不同状态下理论输出电压值

11.2.5　动手实践

1. 测量程序编写思路

本节训练将通过 USB-6009 数据采集卡测量图 11-2-6 所示的 X、Y、Z 接线端的输出电压，读取 MEMS 3 轴加速度传感器 3 个通道输出的 V_{out}，换算得到 X、Y、Z 轴的倾角。

LabVIEW 编写数据采集程序的思路可参考图 11-2-9 所示的流程。

图 11-2-9　LabVIEW 编程流程

2. 元器件

MMA7361 集成电路芯片电路板：一个使用 MEMS 技术的 3 轴加速度传感器 MMA7361 构成的电路模块，可输出与 X、Y、Z 轴 3 个方向对应的加速度值的模拟电压信号。市场上的 MMA7361 集成电路芯片电路板内置了 +5V 转 +3.3V 的电源转换芯片及一些阻容元件。

3. 实验硬件准备

找到 TLA-004 传感器课程实验套件的 MEMS 3 轴加速度（MMA7361）传感器模块，确认并准备实验所需的器件。

4. 实验电路连线

参看图 11-2-10 所示的连线图，在 TLA-004 传感器课程实验套件上完成连线。

图 11-2-10　连线图

5. 编程练习

【练习 11-2】

使用 DAQ 助手编写程序，实现使用 MEMS 3 轴加速度传感器测量倾角的实验程序。

6. 想一想

图 11-2-10 所示的连线不包含量程设置，请根据基本电路章节的内容，设计正确的连线及对应的测量控制程序。

参考文献

[1] James W. Nilsson，Susan A. Riedel.电路[M]. 8 版. 周玉坤，译. 北京：电子工业出版社，2008.

[2] 松井邦彦.传感器应用技巧 141 例[M]. 梁瑞林，译. 北京：科学出版社，2006.

[3] 松井邦彦.传感器实用电路设计与制作[M]. 梁瑞林，译. 北京：科学出版社，2005.

[4] NI 有限公司.LabVIEW 教师培训阶段（一）培训教材[M]. 上海：上海恩艾仪器有限公司，2016.

[5] NI 有限公司.LabVIEW 教师培训阶段（二）培训教材[M]. 上海：上海恩艾仪器有限公司，2016.

反侵权盗版声明

　　电子工业出版社依法对本作品享有专有出版权。任何未经权利人书面许可，复制、销售或通过信息网络传播本作品的行为；歪曲、篡改、剽窃本作品的行为，均违反《中华人民共和国著作权法》，其行为人应承担相应的民事责任和行政责任，构成犯罪的，将被依法追究刑事责任。

　　为了维护市场秩序，保护权利人的合法权益，我社将依法查处和打击侵权盗版的单位和个人。欢迎社会各界人士积极举报侵权盗版行为，本社将奖励举报有功人员，并保证举报人的信息不被泄露。

举报电话：（010）88254396；（010）88258888

传　　真：（010）88254397

E - m a i l：dbqq@phei.com.cn

通信地址：北京市万寿路 173 信箱
　　　　　电子工业出版社总编办公室

邮　　编：100036